U0230657

内 容 简 介

  本书是在遵循普通高等院校《理工科本科复变函数课程教学基本要求》的基础上,广泛参考国内外经典教材,按照新形势下教材改革精神,同时结合作者长期的教学改革实践经验编写而成的,其内容组织由浅入深,较全面、系统地介绍了解析函数的基本理论和方法.

  全书共七章,内容包括:复数与复变函数、解析函数、复变函数的积分、解析函数的级数理论、留数理论及其应用、共形映射、解析延拓简介.每章配有适量的习题,并在书后给出简略参考答案.本书内容丰富,体系严谨,讲解通俗易懂,具有很强的可读性.

  本书可作为普通高等院校数学与应用数学专业及相关专业复变函数课程的教材,也可作为自学参考书.

  为了方便教师多媒体教学和读者学习,作者提供与本教材配套的相关内容的电子资源,需要者请电子邮件联系 fengzhixin-2008@163.com.

21 世纪
高等院校数学基础课系列教材

复变函数论

主　编　　冯志新　　沈永祥
编著者　　冯志新　　沈永祥　　宋文晶
　　　　　孙艳君　　卜红彧　　刘小舟
　　　　　赵　爽　　马明玥　　李晓霞

北京大学出版社
PEKING UNIVERSITY PRESS

图书在版编目(CIP)数据

复变函数论/冯志新,沈永祥主编. —北京:北京大学出版社,2012.8
(21世纪数学精编教材·数学基础课系列)
ISBN 978-7-301-21069-7

Ⅰ.①复… Ⅱ.①冯… ②沈… Ⅲ.①复变函数－高等学校－教材 Ⅳ.①O174.5

中国版本图书馆 CIP 数据核字(2012)第 181027 号

书　　　名:复变函数论
著作责任者:冯志新　沈永祥　主编
责 任 编 辑:曾琬婷
标 准 书 号:ISBN 978-7-301-21069-7/O · 0880
出 版 发 行:北京大学出版社
地　　　址:北京市海淀区成府路 205 号　100871
网　　　址:http://www.pup.cn　电子信箱:zpup@pup.pku.edu.cn
电　　　话:邮购部 62752015　发行部 62750672　理科编辑部 62767347　出版部 62754962
印　刷　者:河北滦县鑫华书刊印刷厂
经　销　者:新华书店
　　　　　　787mm×980mm　16 开本　10.5 印张　216 千字
　　　　　　2012 年 8 月第 1 版　　2022 年 1 月第 3 次印刷
印　　　数:5001—7000 册
定　　　价:26.00 元

前　言

　　数域从实数域扩大到复数域后,产生了复变函数论,并且深刻地深入到代数学、微分方程、概率统计、拓扑学等数学分支. 19 世纪的数学家公认复变函数论是最丰饶的数学分支,并且称之为这个世纪的数学享受,也有人称赞它是抽象科学中最和谐的理论之一. 复变函数理论的奠基人是柯西(Cauchy)、魏尔斯特拉斯(Weierstrass)和黎曼(Riemann). 20 世纪以来,复变函数理论已被广泛地应用到理论物理、天体力学等方面,发展到今天已成为一个内容非常丰富,应用极为广泛的数学分支.

　　作为大学数学与应用数学专业必修课程的复变函数主要讲述解析函数的基本理论和有关方法,内容包括柯西积分、魏尔斯特拉斯级数和黎曼共形映射三大部分. 本书以这三部分为主线,讲述了以下内容:

　　1. 复数与复变函数. 这个部分是预备知识. 鉴于近年来高中教材改革,复数部分的难度和所占比例有所减少. 实际教学过程中发现学生对这部分知识掌握不够扎实,影响到复变函数课程的学习,因此书中对复数做了比较详细的介绍.

　　2. 解析函数. 复变函数理论的主要研究对象就是解析函数. 书中在介绍复变函数的导数与微分基础之上重点介绍了解析函数的基本理论(基本概念、判定函数解析的基本方法),以及初等解析函数和初等多值函数. 其中初等多值函数部分是复变函数理论的难点之一.

　　3. 复变函数的积分. 它是研究解析函数的一个重要工具,其理论是复变函数理论的基础. 书中介绍了复变函数积分的基本概念和性质、复变函数积分的基本计算方法、著名的柯西积分定理及其推论和应用.

　　4. 解析函数的级数理论. 级数也是研究解析函数的一个重要工具,更具有实际意义,例如可用来计算函数的近似值等. 书中主要介绍了解析函数的幂级数和洛朗级数的相关理论,并介绍了孤立奇点的相关知识,为留数理论作铺垫.

　　5. 留数理论及其应用. 它是柯西积分理论的延续,是计算周线积分和"大范围"积分的有力工具. 书中介绍了留数的基本理论及其应用,包括利用留数求积分,特别是求几种特殊类型的实积分,并可考察解析函数零点分布状况.

　　6. 共形映射. 前面内容是用分析的方法(微分、积分、级数等)来研究解析函数,共形映射理论是从几何角度讨论解析函数的性质和应用.书中介绍了解析变换的特性、几种基本映射和几种常用的共形映射,为其他学科和实际问题提供有力工具.

7. 解析延拓简介.书中简单介绍了解析延拓理论的一些基本概念,供学生自学.

其中带星号"＊"部分的教学环节可略讲或不讲.

本书由数位具有多年复变函数课程教学经验的教师精心研究编写.我们参考了国内外诸多相关的经典教材,并结合多年实际教学改革经验,力图编写出一本内容丰富、体系严谨、讲解通俗易懂、可读性强的复变函数课程教材.

在本书的编写过程中,吉林师范大学刘声华教授对书稿提出了宝贵建议,统稿过程中也得到了北京大学出版社曾琬婷老师的精心指导,在此向几位老师表示衷心的感谢!

本书内容虽然经过各编委多次讨论、审阅、修改,但限于编者的水平,不妥之处仍然会存在,诚恳希望广大同行给予批评指正.

作者
2012 年 1 月

目　　录

第一章　复数与复变函数 ……………… (1)

§1　复数 ……………………………… (1)

一、复数域 …………………………… (1)

二、复平面 …………………………… (2)

三、复数的乘幂与方根 …………… (6)

四、共轭复数的性质 ……………… (7)

五、复数在几何中的应用 ………… (8)

§2　复平面上的点集 …………… (10)

一、基本概念 ……………………… (10)

二、区域与曲线 …………………… (11)

§3　复变函数 ……………………… (14)

一、复变函数的概念 ……………… (14)

二、复变函数的极限与连续性 …… (16)

§4　复球面与无穷远点 ………… (19)

一、复球面 ………………………… (19)

二、扩充复平面上的几个概念 …… (20)

习题一 ………………………………… (21)

第二章　解析函数 ………………… (23)

§1　解析函数的概念 …………… (23)

一、导数与微分 …………………… (23)

二、解析函数 ……………………… (24)

三、柯西-黎曼方程 ……………… (25)

§2　初等解析函数 ……………… (27)

一、幂函数 ………………………… (28)

二、指数函数 ……………………… (29)

三、三角函数 ……………………… (30)

§3　基本初等多值函数 ………… (31)

一、根式函数 ……………………… (32)

二、对数函数 ……………………… (34)

三、一般幂函数与一般指数函数 …… (35)

§4　一般初等多值函数 ………… (36)

一、基本理论 ……………………… (36)

二、辐角函数 ……………………… (37)

三、$\mathrm{Arg}R(z)$的可单值分支问题 …… (39)

四、$\mathrm{Ln}R(z)$的可单值分支问题 …… (42)

五、$w=\sqrt[n]{R(z)}$的可单值分支问题 … (43)

*六、反三角函数与反双曲函数 …… (44)

习题二 ………………………………… (45)

第三章　复变函数的积分 ………… (48)

§1　复变函数积分的概念及其
基本性质 ………………………… (48)

一、复变函数积分的定义及计算 …… (48)

二、复变函数积分的基本性质 …… (51)

§2　柯西积分定理 ……………… (53)

一、柯西积分定理 ………………… (53)

二、不定积分 ……………………… (56)

§3　柯西积分公式及其推论 …… (58)

一、柯西积分公式 ………………… (58)

二、柯西导数公式 ………………… (61)

三、柯西不等式 …………………… (62)

四、摩勒拉定理 …………………… (63)

§4　解析函数与调和函数的
关系 ……………………………… (64)

一、解析函数与调和函数的关系 …… (64)

二、解析函数的求法 ……………… (65)

习题三 ………………………………… (67)

目录

第四章　解析函数的级数理论………（69）

　§1　一般理论 ……………………（69）

　　一、复数项级数 …………………（69）

　　二、复变函数项级数 ……………（72）

　　三、解析函数项级数 ……………（73）

　　四、幂级数及其和函数 …………（75）

　§2　泰勒级数 ……………………（77）

　　一、泰勒定理 ……………………（77）

　　二、一些初等函数的泰勒展式 ……（79）

　§3　解析函数的零点及唯一性

　　　定理 …………………………（81）

　　一、解析函数的零点 ……………（81）

　　二、唯一性定理 …………………（83）

　　三、最大模原理 …………………（84）

　§4　洛朗级数 ……………………（85）

　　一、洛朗级数 ……………………（85）

　　二、洛朗定理 ……………………（86）

　　三、解析函数的孤立奇点 ………（89）

　　四、解析函数在无穷远点的性质 …（93）

　　五、整函数与亚纯函数 …………（95）

　习题四 ……………………………（96）

第五章　留数理论及其应用………（99）

　§1　留数及留数定理 ……………（99）

　　一、留数的定义及其求法 ………（99）

　　二、留数定理 ……………………（102）

　§2　用留数定理计算实积分 ……（103）

　　一、计算 $\int_0^{2\pi} R(\cos\theta, \sin\theta)\,\mathrm{d}\theta$ 型

　　　积分 …………………………（103）

　　二、计算 $\int_{-\infty}^{+\infty} \dfrac{P(x)}{Q(x)}\mathrm{d}x$ 型积分 ……（105）

　　三、计算 $\int_{-\infty}^{+\infty} \dfrac{P(x)}{Q(x)}\mathrm{e}^{imx}\,\mathrm{d}x$ 型

　　　积分 …………………………（107）

　　四、计算积分路径上有奇点的

　　　积分 …………………………（109）

　§3　辐角原理与儒歇定理 ………（110）

　　一、对数留数 ……………………（110）

　　二、辐角原理 ……………………（112）

　　三、儒歇定理 ……………………（112）

　习题五 ……………………………（114）

第六章　共形映射…………………（116）

　§1　共形映射 ……………………（116）

　§2　分式线性变换 ………………（122）

　　一、四种基本变换 ………………（122）

　　二、分式线性变换及其分解 ……（124）

　　三、分式线性变换的性质 ………（126）

　　四、分式线性变换的应用 ………（128）

　§3　某些初等函数构成的共形

　　　映射 …………………………（130）

　　一、幂函数与根式函数 …………（131）

　　二、指数函数与对数函数 ………（134）

　　三、两角形区域的共形映射 ……（136）

　§4　共形映射的一般理论 ………（138）

　　一、黎曼存在定理 ………………（139）

　　二、黎曼边界对应定理 …………（140）

　习题六 ……………………………（142）

*第七章　解析延拓简介…………（144）

　§1　解析延拓的概念和方法 ……（144）

　　一、基本概念 ……………………（144）

　　二、幂级数延拓 …………………（145）

　　三、透弧延拓 ……………………（146）

　§2　完全解析函数及单值性

　　　定理 …………………………（147）

　　一、完全解析函数 ………………（147）

　　二、单值性定理 …………………（147）

参考文献 ……………………………（149）

名词索引 ……………………………（150）

习题答案与提示 ……………………（154）

对于复数 $z_1 = r_1 e^{i\theta_1}$, $z_2 = r_2 e^{i\theta_2}$, 有
$$z_1 = z_2 \Longleftrightarrow r_1 = r_2, \ \theta_1 = \theta_2 + 2k\pi \ (k = 0, \pm 1, \pm 2, \cdots).$$
因为
$$z_1 z_2 = r_1 e^{i\theta_1} \cdot r_2 e^{i\theta_2} = r_1 r_2 e^{i(\theta_1 + \theta_2)}, \tag{1.8}$$
$$\frac{z_1}{z_2} = \frac{r_1 e^{i\theta_1}}{r_2 e^{i\theta_2}} = \frac{r_1}{r_2} e^{i(\theta_1 - \theta_2)} \quad (z_2 \neq 0), \tag{1.9}$$
所以利用复数的指数形式作乘除法比较简单, 并且有
$$|z_1 z_2| = |z_1||z_2|, \quad \left|\frac{z_1}{z_2}\right| = \frac{|z_1|}{|z_2|} \quad (z_2 \neq 0), \tag{1.10}$$
$$\left.\begin{array}{l} \mathrm{Arg}(z_1 z_2) = \mathrm{Arg} z_1 + \mathrm{Arg} z_2, \\ \mathrm{Arg}\left(\dfrac{z_1}{z_2}\right) = \mathrm{Arg} z_1 - \mathrm{Arg} z_2. \end{array}\right\} \tag{1.11}$$

公式(1.8)说明 $z_1 z_2$ 所对应的向量是把 z_1 所对应的向量伸缩 $r_2 = |z_2|$ 倍, 然后再旋转一个角度 $\theta_2 = \arg z_2$ 得到的(图 1.5). 特别地, 当 $|z_2| = 1$ 时, 只需旋转一个角度 $\theta_2 = \arg z_2$ 即可. 例如, iz 相当于将 z 所对应的向量 $\vec{Oz}$ 沿逆时针方向旋转 $\pi/2$.

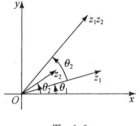

图 1.5

公式(1.11)表示的是集合的运算, 其左端 $\mathrm{Arg}(z_1 z_2)$ $\left(\text{或} \mathrm{Arg}\left(\dfrac{z_1}{z_2}\right)\right)$ 的每一个值, 必有 $\mathrm{Arg} z_1$ 和 $\mathrm{Arg} z_2$ 的各一值, 使它们的和(或差)与之相等; 反之亦然. 例如, 设(1.11)中第一式的右端两项分别为
$$\mathrm{Arg} z_1 = \left\{\frac{\pi}{6} + 2m\pi\right\}_{m=0,\pm 1,\cdots}, \quad \mathrm{Arg} z_2 = \left\{\frac{\pi}{4} + 2n\pi\right\}_{n=0,\pm 1,\cdots},$$
则左端为
$$\mathrm{Arg}(z_1 z_2) = \left\{\frac{5\pi}{12} + 2k\pi\right\}_{k=0,\pm 1,\cdots}.$$
公式(1.11)中的第一式意味着, 在等式左端取出一个数值即取定一个 k 值, 等式右端也可以相应地找出 m 与 n 的值, 使得右端的和等于左端的数值; 反之也成立.

公式(1.11)中的 $\mathrm{Arg} z$ 可以换成主辐角 $\arg z$, 则等式两端允许相差 2π 的某个整数倍, 即有
$$\left.\begin{array}{l} \arg(z_1 z_2) = \arg z_1 + \arg z_2 + 2k_1\pi, \\ \arg\left(\dfrac{z_1}{z_2}\right) = \arg z_1 - \arg z_2 + 2k_2\pi, \end{array}\right\} \tag{1.12}$$
其中 k_1, k_2 各表示某个整数.

三、复数的乘幂与方根

设非零复数 $z=re^{i\theta}$,反复运用(1.8)式 n 次就得到非零复数 z 的正整数次幂 z^n,即

$$z^n = r^n e^{in\theta} = r^n(\cos n\theta + i\sin n\theta).$$

当 $r=1$ 时,则得到**德摩弗**(De Moivre)**公式**

$$(\cos\theta + i\sin\theta)^n = \cos n\theta + i\sin n\theta.$$

当 n 为不小于 2 的正整数时,称满足方程

$$\omega^n = z \tag{1.13}$$

的复数 ω 为复数 z 的 **n 次方根**,记做 $\sqrt[n]{z}$.

为了从已知的 z 求它的 n 次方根 ω,我们设 $z=re^{i\theta}$,$\omega=\rho e^{i\varphi}$,则(1.13)式变形为

$$\rho^n e^{in\varphi} = re^{i\theta},$$

从而得到两个方程

$$\rho^n = r, \quad n\varphi = \theta + 2k\pi,$$

解得

$$\rho = \sqrt[n]{r}\ (\text{取算术根}), \quad \varphi = \frac{\theta+2k\pi}{n}.$$

因此 z 的 n 次方根为

$$\omega_k = (\sqrt[n]{z})_k = \sqrt[n]{r}\, e^{i\frac{\theta+2k\pi}{n}} = e^{i\frac{2k\pi}{n}} \cdot \sqrt[n]{r}\, e^{i\frac{\theta}{n}}. \tag{1.14}$$

由于三角函数具有周期性,所以只要取 $k=0,1,2,\cdots,n-1$ 就可得出方程(1.13)的总共 n 个不同的根.这里记号 $\sqrt[n]{z}$ 与 $(\sqrt[n]{z})_k\ (k=0,1,\cdots,n-1)$ 是一致的.

我们将(1.14)式表示为

$$\omega_k = (\sqrt[n]{z})_k = e^{i\frac{2k\pi}{n}} \cdot \omega_0,$$

其中 $\omega_0 = \sqrt[n]{r}\, e^{i\frac{\theta}{n}}$.由此可见,$\sqrt[n]{z}$ 的不同值 ω_k 可由 ω_0 依次绕原点旋转

$$\frac{2\pi}{n}, 2\cdot\frac{2\pi}{n}, 3\cdot\frac{2\pi}{n}, \cdots, k\cdot\frac{2\pi}{n}, \cdots$$

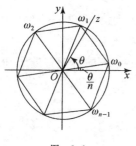

图　1.6

而得到,但当 k 取到 n 时,与 ω_0 重合了.故非零复数 z 的 n 次方根共有 n 个,它们均匀地分布在以原点为心,半径为 $\sqrt[n]{r}$ 的圆周上,即它们是内接于该圆的正 n 边形的 n 个顶点(图 1.6 是 $n=6$ 的情形).

例 1.4　求 $\cos 3\theta$ 及 $\sin 3\theta$ 用 $\cos\theta$ 与 $\sin\theta$ 表示的式子.

解　由德摩弗公式有

$$\cos 3\theta + i\sin 3\theta = (\cos\theta + i\sin\theta)^3$$
$$= \cos^3\theta + 3i\cos^2\theta\sin\theta - 3\cos\theta\sin^2\theta - i\sin^3\theta,$$

因此有

$$\cos 3\theta = \cos^3\theta - 3\cos\theta\sin^2\theta = 4\cos^3\theta - 3\cos\theta,$$
$$\sin 3\theta = 3\sin\theta\cos^2\theta - \sin^3\theta = 3\sin\theta - 4\sin^3\theta.$$

例 1.5 计算 $\sqrt[3]{-27}$.

解 因 $-27 = 27(\cos\pi + \mathrm{i}\sin\pi)$,故

$$(\sqrt[3]{-27})_k = \sqrt[3]{27}\left(\cos\frac{\pi + 2k\pi}{3} + \mathrm{i}\sin\frac{\pi + 2k\pi}{3}\right), \quad k = 0,1,2.$$

当 $k=0$ 时,$(\sqrt[3]{-27})_0 = 3\left(\cos\frac{\pi}{3} + \mathrm{i}\sin\frac{\pi}{3}\right) = \frac{3}{2} + \frac{3\sqrt{3}}{2}\mathrm{i}$;

当 $k=1$ 时,$(\sqrt[3]{-27})_1 = 3(\cos\pi + \mathrm{i}\sin\pi) = -3$;

当 $k=2$ 时,$(\sqrt[3]{-27})_2 = 3\left(\cos\frac{5\pi}{3} + \mathrm{i}\sin\frac{5\pi}{3}\right) = \frac{3}{2} - \frac{3\sqrt{3}}{2}\mathrm{i}$.

四、共轭复数的性质

对于复数 $z = x + \mathrm{i}y$ 的共轭复数 $\bar{z} = x - \mathrm{i}y$,显然有

$$|\bar{z}| = |z|, \quad \mathrm{Arg}\,\bar{z} = -\mathrm{Arg}\,z. \tag{1.15}$$

这表明,在复平面上点 z 与 $\bar{z}$ 关于实轴对称. 我们容易验证共轭复数具有以下**性质**:

(1) $\overline{(\bar{z})} = z$,$\overline{z_1 \pm z_2} = \bar{z}_1 \pm \bar{z}_2$;

(2) $\overline{z_1 z_2} = \bar{z}_1\,\bar{z}_2$,$\overline{\left(\dfrac{z_1}{z_2}\right)} = \dfrac{\bar{z}_1}{\bar{z}_2}$ $(z_2 \neq 0)$;

(3) $|z|^2 = z\bar{z}$,$\mathrm{Re}\,z = \dfrac{z + \bar{z}}{2}$,$\mathrm{Im}\,z = \dfrac{z - \bar{z}}{2\mathrm{i}}$;

(4) 设 $R(a,b,c,\cdots)$ 表示对于复数 $a,b,c,\cdots$ 的任一有理运算,则

$$\overline{R(a,b,c,\cdots)} = R(\bar{a},\bar{b},\bar{c},\cdots).$$

灵活运用这些性质,可以简化运算.

例 1.6 求复数 $w = \dfrac{1+z}{1-z}$ 的实部、虚部和模.

解 (1) 因为

$$w = \frac{1+z}{1-z} = \frac{(1+z)(\overline{1-z})}{(1-z)(\overline{1-z})} = \frac{(1+z)(1-\bar{z})}{(1-z)(\overline{1-z})} = \frac{1 - z\bar{z} + z - \bar{z}}{|1-z|^2} = \frac{1 - |z|^2 + 2\mathrm{i}\,\mathrm{Im}\,z}{|1-z|^2},$$

所以

$$\mathrm{Re}\,w = \frac{1 - |z|^2}{|1-z|^2}, \quad \mathrm{Im}\,w = \frac{2\,\mathrm{Im}\,z}{|1-z|^2}.$$

(2) 因为

$$|w|^2 = w\overline{w} = \frac{1+z}{1-z} \cdot \overline{\frac{1+z}{1-z}} = \frac{(1+z)(1+\overline{z})}{(1-z)(\overline{1-z})} = \frac{1+z\overline{z}+z+\overline{z}}{|1-z|^2} = \frac{1+|z|^2+2\mathrm{Re}z}{|1-z|^2},$$

所以

$$|w| = \frac{\sqrt{1+|z|^2+2\mathrm{Re}z}}{|1-z|}.$$

五、复数在几何中的应用

1. 起点为 z_0，倾角为 θ_0 的射线方程

设 l 是起点为 z_0，倾角为 θ_0 的射线，z 是该射线上任意异于 z_0 的一点，则向量 $\overrightarrow{z_0 z}$ 与该射线同向（图 1.7）. 因此非零复数 $z-z_0$ 所对应向量 $\overrightarrow{z_0 z}$ 的主辐角为 θ_0，即

$$\arg(z-z_0) = \theta_0. \tag{1.16}$$

容易验证满足 (1.16) 式的点 z 也必定在该射线上. 因此 (1.16) 式是起点为 z_0，倾角为 θ_0 的射线方程.

图　1.7　　　　　　　　　　　　　图　1.8

复平面上的任意一个角 θ $(0 \leqslant \theta < 2\pi)$，都可以看成由起点为 z_0 的两条射线 l_1, l_2 构成的（图 1.8）. 设射线 l_1, l_2 的方程分别为

$$l_1: \arg(z-z_0) = \theta_1, \quad l_2: \arg(z-z_0) = \theta_2,$$

这里限制 $0 \leqslant \arg z < 2\pi$，在射线 l_1 上任取一点 z_1 $(z_1 \neq z_0)$，射线 l_2 上任取一点 z_2 $(z_2 \neq z_0)$，从而有 l_1 到 l_2 的角

$$\theta = \theta_2 - \theta_1 = \arg(z_2 - z_0) - \arg(z_1 - z_0) = \arg\frac{z_2 - z_0}{z_1 - z_0}.$$

2. 过 z_1, z_2 两点的直线方程

设 l 是过 z_1, z_2 两点的直线，z 是该直线上的任意一点，则 z_1, z, z_2 三点共线（图 1.9）. 因此，$\arg\frac{z-z_1}{z_2-z_1} = 0$ 或 π，即 $\frac{z-z_1}{z_2-z_1} = t \in \mathbf{R}$，整理得

$$z = z_1 + (z_2 - z_1)t. \tag{1.17}$$

容易验证满足(1.17)式的点 z 也必定在直线 l 上. 因此(1.17)式是过 z_1, z_2 两点的直线方程.

特别地,当 $0 \leqslant t \leqslant 1$ 时,点 z 在点 z_1, z_2 之间,故(1.17)式表示端点为 z_1, z_2 的直线段;当 $0 \leqslant t < +\infty$ 时,(1.17)式表示起点为 z_1 且过点 z_2 的射线.

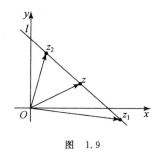

图 1.9

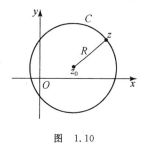

图 1.10

3. 以 z_0 为心,R 为半径的圆周方程

设 C 是以 z_0 为心,R 为半径的圆周,z 是该圆周上的任意一点,则点 z 与 z_0 之间的距离为定值 R (图 1.10),即

$$|z - z_0| = R. \tag{1.18}$$

显然,满足(1.18)式的点必定在圆周 C 上,故(1.18)式为 z 平面上以 z_0 为心,$R > 0$ 为半径的圆周方程.

我们可将满足(1.18)式的 z 表示为

$$z = z_0 + R\mathrm{e}^{i\theta}. \tag{1.19}$$

由此可见,当 $0 \leqslant \theta \leqslant 2\pi$ 时,(1.19)式表示的是以 z_0 为心,$R > 0$ 为半径的圆周;当 $\alpha \leqslant \theta \leqslant \beta$ $(0 \leqslant \alpha < \beta \leqslant 2\pi)$ 时,(1.19)式表示的是以 z_0 为心,$R > 0$ 为半径的圆周的一部分,即圆弧.

例 1.7 证明:三个复数 z_1, z_2, z_3 成为一等边三角形的三顶点的充分必要条件是它们满足等式

$$z_1^2 + z_2^2 + z_3^2 = z_2 z_3 + z_3 z_1 + z_1 z_2.$$

证 $\triangle z_1 z_2 z_3$ 为等边三角形的充分必要条件是:向量 $\overrightarrow{z_1 z_3}$ 由向量 $\overrightarrow{z_1 z_2}$ 绕 z_1 旋转 $\dfrac{\pi}{3}$ 或 $-\dfrac{\pi}{3}$ 得到,即

$$z_3 - z_1 = (z_2 - z_1)\mathrm{e}^{\pm\frac{\pi}{3}i}.$$

由上式整理得

$$\frac{z_3 - z_1}{z_2 - z_1} - \frac{1}{2} = \pm \frac{\sqrt{3}}{2}i,$$

两端平方化简,即得

$$z_1^2 + z_2^2 + z_3^2 = z_2 z_3 + z_3 z_1 + z_1 z_2.$$

例 1.8　证明:三角形的内角和等于 π.

证　设三角形的三个顶点分别为 z_1, z_2, z_3,对应的三个顶角分别为 α, β, γ(图 1.11),于是

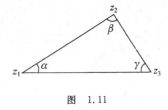

图　1.11

$$\alpha = \arg \frac{z_2 - z_1}{z_3 - z_1}, \quad \beta = \arg \frac{z_3 - z_2}{z_1 - z_2}, \quad \gamma = \arg \frac{z_1 - z_3}{z_2 - z_3}.$$

由于

$$\frac{z_2 - z_1}{z_3 - z_1} \cdot \frac{z_3 - z_2}{z_1 - z_2} \cdot \frac{z_1 - z_3}{z_2 - z_3} = -1,$$

所以有

$$\arg \frac{z_2 - z_1}{z_3 - z_1} + \arg \frac{z_3 - z_2}{z_1 - z_2} + \arg \frac{z_1 - z_3}{z_2 - z_3} = \arg(-1) + 2k_0 \pi = \pi + 2k_0 \pi,$$

其中 k_0 为某个整数.由假设 $0 < \alpha < \pi, 0 < \beta < \pi, 0 < \gamma < \pi$,所以

$$0 < \alpha + \beta + \gamma < 3\pi.$$

故必有 $k_0 = 0$,因而 $\alpha + \beta + \gamma = \pi$.

§2　复平面上的点集

一、基本概念

定义 1.1　设 $\rho > 0$ 为实数,由不等式 $|z - z_0| < \rho$ 所确定的复平面点集(简称点集),即以 z_0 为心,ρ 为半径的圆的内部,称为点 z_0 的 **ρ 邻域**,记为 $N_\rho(z_0)$. 由 z_0 的 ρ 邻域去掉点 z_0 所得到的点集 $N_\rho(z_0) - \{z_0\}$,称为点 z_0 的**去心 ρ 邻域**,可用不等式 $0 < |z - z_0| < \rho$ 来表示.

定义 1.2　考虑复平面上的点集 E. 若复平面上一点 z_0(不必属于 E)的任意邻域都有 E 的无穷多个点,则称 z_0 为 E 的**聚点**;若点集 E 的每个聚点都属于 E,则称 E 为**闭集**. 若点集 E 中的点 z_0 有一邻域全含于 E 内,则称 z_0 为 E 的**内点**;若点集 E 的点皆为内点,则称 E 为**开集**.

定义 1.3　若点 z_0 既不是复平面点集 E 中的点,也不是 E 的聚点,则称其为 E 的**外点**;若点 z_0 是复平面点集 E 中的点,但不是 E 的聚点,则称其为 E 的**孤立点**;若复平面上一点 z_0(不必属于 E)的任意邻域既有属于 E 的点,又有不属于 E 的点,则称 z_0 为 E 的**边界点**. 点集 E 的全部边界点所组成的点集称为 E 的**边界**,记为 ∂E.

定义 1.4　若复平面上点集 E 全含于一半径有限的圆之内,则称 E 为**有界集**;否则,称 E 为**无界集**.

二、区域与曲线

区域是复变函数论中一个基本概念.

定义 1.5　如果复平面上非空点集 D 具有下面的两个性质:

(1) D 为开集;

(2) D 中任意两点可用全含于 D 中的折线连接,

则称点集 D 为**区域**(图 1.12).

定义 1.6　区域 D 加上其边界 ∂D 称为**闭域**,记为 $\bar{D}=D+\partial D$.

注　区域都是开的,不包含它的边界点;区域的边界 ∂D 必是闭集.

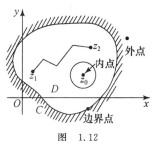

图　1.12

可以用不等式来表示复平面上的区域.

例 1.9　z 平面上以原点为心,R 为半径的圆(即圆形区域)可表示为
$$|z|<R;$$
z 平面上以原点为心,R 为半径的闭圆(即圆形闭域)可表示为
$$|z|\leqslant R.$$
它们都以圆周 $|z|=R$ 为边界,且都是有界的.

例 1.10　如图 1.13 所示,阴影部分为单位圆周的外部含在上半 z 平面的部分,表示为
$$\begin{cases}|z|>1,\\ \mathrm{Im}z>0.\end{cases}$$

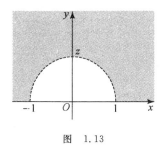

图　1.13

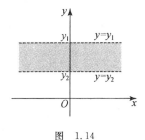

图　1.14

例 1.11　如图 1.14 所示,阴影部分为带形区域,表示为
$$y_2<\mathrm{Im}z<y_1.$$

例 1.12　z 平面上以实轴 $\mathrm{Im}z=0$ 为边界的两个无界区域是
$$上半平面:\mathrm{Im}z>0;$$

下半平面：$\mathrm{Im}z<0$.

z 平面上以虚轴 $\mathrm{Re}z=0$ 为边界的两个无界区域是

左半平面：$\mathrm{Re}z<0$；

右半平面：$\mathrm{Re}z>0$.

例 1.13 如图 1.15 所示，z 平面上阴影部分为同心圆环（即圆环形区域），表示为

$$r<|z|<R.$$

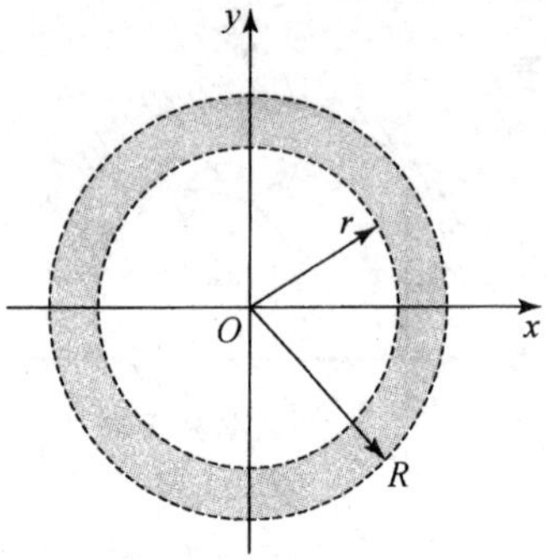

曲线也是复变函数论的基本概念.

定义 1.7 设 $x(t),y(t)$ 是实变量 t 的两个实函数，且在闭区间 $[\alpha,\beta]$ 上连续，则由方程组

图 1.15

$$\begin{cases} x=x(t), \\ y=y(t) \end{cases} \quad (\alpha\leqslant t\leqslant\beta)$$

或由实变复值函数

$$z=z(t)=x(t)+\mathrm{i}y(t) \quad (\alpha\leqslant t\leqslant\beta) \quad (1.20)$$

所确定的点集 C，称为 z 平面上的一条**连续曲线**，其中(1.20)式称为曲线 C 的**参数方程**. 若当 $\alpha<t_1<\beta,\alpha\leqslant t_2\leqslant\beta,t_1\neq t_2$ 时，有 $z(t_1)=z(t_2)$，则称 $z(t_1)$ 为曲线 C 的**重点**. 凡无重点的连续曲线称为**简单曲线**或**约当曲线**. $z(\alpha)=z(\beta)$ 的简单曲线称为**简单闭曲线**.

例如，线段、圆弧和抛物线弧段等都是简单曲线，圆周和椭圆周等都是简单闭曲线. 以后我们所论及的曲线均指连续曲线，而为了简便，通常把"连续"略去，称之为曲线.

另外，通常将指定了起点和终点的曲线称为**有向曲线**，并把沿曲线从起点到终点的方向称为**正方向**，而从终点到起点的方向称为**负方向**. 简单闭曲线的起点与终点重合，故规定沿曲线逆时针方向为其正方向，而顺时针方向为其负方向.

定义 1.8 设连续曲线弧 AB 的参数方程为

$$z=z(t) \quad (\alpha\leqslant t\leqslant\beta).$$

任取实数列 $\{t_n\}$：

$$\alpha=t_0<t_1<t_2<\cdots<t_{n-1}<t_n=\beta, \quad (1.21)$$

并且考虑弧 AB 上对应的点列：

$$z_j=z(t_j) \quad (j=0,1,2,\cdots,n).$$

将它们用一折线 Q_n 连接起来，Q_n 的长度为

$$I_n=\sum_{j=1}^{n}|z(t_j)-z(t_{j-1})|.$$

如果对于所有的数列(1.21)，I_n 有上确界 $L=\sup I_n$，则称弧 AB 为**可求长**的，并称 L 为弧 AB 的**长度**.

定义 1.9 设简单(闭)曲线 C 的参数方程为

$$z=x(t)+\mathrm{i}y(t)\quad(\alpha\leqslant t\leqslant\beta),$$

又在 $\alpha\leqslant t\leqslant\beta$ 上，$x'(t)$ 及 $y'(t)$ 存在、连续且不全为零，则称 C 为**光滑(闭)曲线**.

直观上来说，光滑曲线就是每一点都有切线并且切线是随 t 连续变化的曲线.

定义 1.10 由有限条光滑曲线衔接而成的连续曲线称为**逐段光滑曲线**.

例如，简单折线就是逐段光滑曲线.

逐段光滑曲线必是可求长曲线，但简单曲线不一定可求长.

***例 1.14** 设简单曲线 J 的参数方程为

$$\begin{cases}x=x(t)=t,\\ y=y(t)=\begin{cases}t\sin\dfrac{1}{t}, & t\neq 0,\\ 0, & t=0\end{cases}\end{cases}\quad(0\leqslant t\leqslant 1).$$

显然

$$A_n\left(\frac{1}{2n\pi+\frac{\pi}{2}},\frac{1}{2n\pi+\frac{\pi}{2}}\right),\quad B_n\left(\frac{1}{2n\pi},0\right)$$

都是 J 上的点，连接 A_n 及 B_n 两点的线段长为

$$\begin{aligned}\overline{A_nB_n}&=\sqrt{\left(\frac{1}{2n\pi+\frac{\pi}{2}}-\frac{1}{2n\pi}\right)^2+\left(\frac{1}{2n\pi+\frac{\pi}{2}}\right)^2}\\ &\geqslant\frac{1}{\left(2n+\frac{1}{2}\right)\pi}=\frac{1}{2\left(n+\frac{1}{4}\right)\pi}>\frac{1}{2(n+1)\pi},\end{aligned}$$

由于级数 $\sum\limits_{n=1}^{\infty}\frac{1}{n}$ 发散，所以 $\sum\limits_{n=1}^{\infty}\overline{A_nB_n}$ 也发散. 故简单曲线 J 是不可求长的.

定理 1.1(约当定理) 任一简单闭曲线 C 将 z 平面唯一地分成 C，$I(C)$ 及 $E(C)$ 三个点集(图 1.16)，它们具有如下性质：

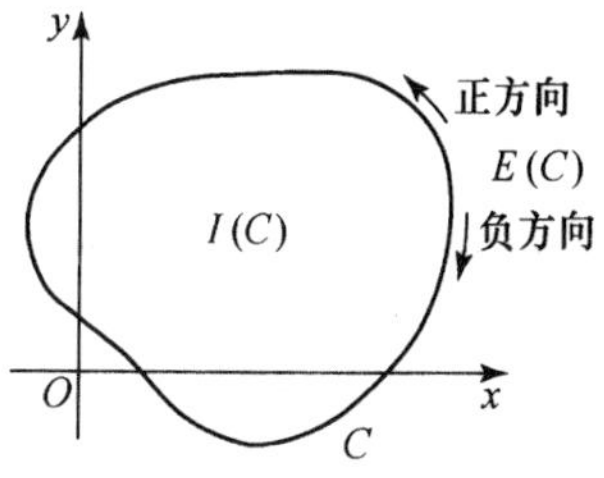

图 1.16

(1) 彼此不交；

(2) $I(C)$ 是一个有界区域(称为 C 的内部)；

(3) $E(C)$ 是一个无界区域(称为 C 的外部)；

(4) 若简单折线 P 的一个端点属于 $I(C)$，另一个端点属于 $E(C)$，则 P 必与 C 有交点.

此定理的证明涉及拓扑学的知识，故略去.

定义 1.11 在复平面上，如果区域 D 内任意一条简单闭曲线的内部都含于 D 内，则称

D 为**单连通区域**；否则，称为**多连通区域**.

简单闭曲线 C 的内部 $I(C)$ 就是单连通区域. 例 1.9 至例 1.12 中所列举的区域都是单连通的，而例 1.13 所列举的圆环形区域 $r<|z|<R$ 以及圆周的外部 $0<r<|z|<+\infty$ 和去原点的 z 平面 $0<|z|<+\infty$ 都是非单连通的. 从几何直观上来看，就是不含"洞"或"缝"的一块区域为单连通区域.

§3　复　变　函　数

一、复变函数的概念

定义 1.12　设 E 为一复数集. 若存在一个对应法则 f，使得对 E 内每一复数 z，有唯一确定的复数 w 与之对应，则称在 E 上确定了一个**单值复变函数** $w=f(z)$ $(z\in E)$；若对 E 内每一复数 z，有两个或两个以上复数 w 与之对应，则称在 E 上确定了一个**多值复变函数** $w=f(z)$ $(z\in E)$. 单值复变函数和多值复变函数统称为**复变函数**（简称**函数**）. 这里 E 称为复变函数 $w=f(z)$ 的**定义域**；w 值的全体组成的集合 $\{w\,|\,w=f(z),z\in E\}$ 称为函数 $w=f(z)$ 的**值域**.

例如，$w=|z|$，$w=\bar{z}$，$w=z^2$，$w=\dfrac{z-1}{z+1}$ $(z\neq-1)$ 均为 z 的单值复变函数；$w=\sqrt[n]{z}$ $(z\neq0$，$n\geqslant2$ 为整数）及 $w=\mathrm{Arg}\,z$ $(z\neq0)$ 均为 z 的多值复变函数. 今后若无特别声明，所论及的函数都指单值函数. 相应于复变函数，我们有时将定义在实数集上的实值函数称为实变函数. 另外，所涉及的点集和区域除特别说明外均指复平面上的.

若 $z=x+\mathrm{i}y$，$w=f(z)$，则 w 的实部和虚部都是关于 x 和 y 的二元实值函数，因而 $w=f(z)$ 可以写成

$$w=f(x+\mathrm{i}y)=u(x,y)+\mathrm{i}v(x,y),\tag{1.22}$$

其中 $u(x,y)$ 和 $v(x,y)$ 分别表示 w 的实部和虚部.

若将 z 表示成指数形式 $z=re^{\mathrm{i}\theta}$，则函数 $w=f(z)$ 又可以表示为如下形式：

$$w=P(r,\theta)+\mathrm{i}Q(r,\theta).$$

例 1.15　设函数 $w=z^2-1$，当 $z=x+\mathrm{i}y$ 时，w 可以写成

$$w=x^2-y^2-1+2xy\mathrm{i},$$

这时 $u(x,y)=x^2-y^2-1$，$v(x,y)=2xy$.

当 $z=re^{\mathrm{i}\theta}$ 时，w 又可以写成

$$w=r^2(\cos2\theta+\mathrm{i}\sin2\theta)-1,$$

这时 $P(r,\theta)=r^2\cos2\theta-1$，$Q(r,\theta)=r^2\sin2\theta$.

复变函数也具有奇偶性、周期性等初等性质，且其定义与实变函数一致. 特别地，由于复

数不能比较大小,故复变函数有界指的是其模有界,具体见定理 1.4(1).

几何图形的直观性对于研究实变函数的性质有着重要意义.但想要借助于同一个平面或空间的几何图形来直观表达复变函数是不可能的,所以我们借助两张复平面.其一是用 z 平面上的点表示自变量 z 的值,其二是用 w 平面上的点表示函数 w 的值,而将复变函数理解为这两个复平面上点集之间的对应(映射或变换).具体地说,复变函数 $w=f(z)$ 给出了从 z 平面上的点集 E 到 w 平面上的点集 F 的一个对应关系(图 1.17).与点 $z\in E$ 对应的点 $w=f(z)$ 称为点 z 的**像点**,同时点 z 就称为点 $w=f(z)$ 的**原像点**.要注意像点的原像点可能不只一点.例如,对于函数 $w=z^2$,点 $w=1$ 的原像点是两点 $z=\pm 1$.为了方便,以后不再区分函数、映射和变换.

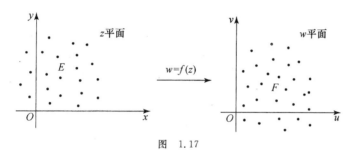

图 1.17

定义 1.13 如果对 z 平面上点集 E 的任一点 z,存在 w 平面上点集 F 的点 w,使得 $w=f(z)$,则称 $w=f(z)$ 把 E **变(映)入** F(简记为 $f(E)\subseteq F$),或称 $w=f(z)$ 是 E 到 F 的**入映射**.

定义 1.14 如果 $f(E)\subseteq F$,且对 F 的任一点 w,存在 E 的点 z,使得 $w=f(z)$,则称 $w=f(z)$ 把 E **变(映)成** F(简记为 $f(E)=F$),或称 $w=f(z)$ 是 E 到 F 的**满映射**.

定义 1.15 若 $w=f(z)$ 是点集 E 到 F 的满映射,且对 F 中的每一点 w,在 E 中有一个(或至少有两个)点与之对应,则在 F 上确定了一个单值(或多值)函数,记做 $z=f^{-1}(w)$,它称为函数 $w=f(z)$ 的**反函数**,或称为映射 $w=f(z)$ 的**逆映射**;若 $z=f^{-1}(w)$ 也是 F 到 E 的单值函数,则称 $w=f(z)$ 是 E 到 F 的**双方单值映射**或**一一映射**.

由反函数的定义可以看出,对于任意的 $w\in F$,有

$$w=f[f^{-1}(w)],$$

且当反函数也是单值函数时,还有

$$z=f^{-1}[f(z)], \quad z\in E.$$

例 1.16 设函数 $w=z^2$,试问它把 z 平面上的下列曲线变成 w 平面上的何种曲线.

(1)以原点为心,2 为半径,在第一象限的圆弧;

(2)倾角 $\theta=\pi/6$ 的直线;

（3）双曲线 $x^2-y^2=5$.

解　设 $z=x+iy=r(\cos\theta+i\sin\theta)$，$w=u+iv=R(\cos\varphi+i\sin\varphi)$，则
$$R=r^2,\quad \varphi=2\theta.$$

（1）当 z 的模为2，辐角由0变至 $\pi/2$ 时，对应的 w 的模为4，辐角由0变至 π. 故在 w 平面上的对应图形是以原点为心，4为半径，在 u 轴上方的半圆周.

（2）在 w 平面上对应的图形为射线 $\varphi=\pi/3$.

（3）因 $w=x^2-y^2+2xyi$，故 $u=x^2-y^2=5$. 所以 z 平面上的双曲线 $x^2-y^2=5$ 在 w 平面上的像为直线 $u=5$.

参见图 1.18.

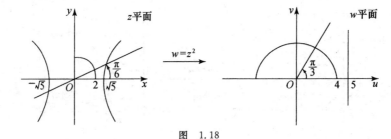

图　1.18

二、复变函数的极限与连续性

定义 1.16　设函数 $w=f(z)$ 在点集 E 上有定义，z_0 为 E 的聚点. 如果存在一复数 w_0，使得对任给的 $\varepsilon>0$，存在 $\delta>0$，只要 $0<|z-z_0|<\delta,z\in E$，就有
$$|f(z)-w_0|<\varepsilon,$$
则称 $f(z)$ **沿 E 在点** z_0 **有极限** w_0，记做
$$\lim_{\substack{z\to z_0\\(z\in E)}}f(z)=w_0.$$

极限 $\lim\limits_{\substack{z\to z_0\\(z\in E)}}f(z)=w_0$ 的几何意义是：当变点 z 进入 z_0 的充分小去心邻域时，它们的像点就落入 w_0 的一个给定的任意小的 ε 邻域内（图 1.19）.

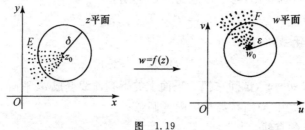

图　1.19

上述极限定义形式上与一元实变函数极限定义完全类似,因此在实变函数中有关极限的性质和运算法则在复变函数情形下仍然成立,这里就不一一列举了.

但要特别注意的是,极限 $\lim\limits_{\substack{z \to z_0 \\ (z \in E)}} f(z)$ 与 z 趋于 z_0 的方式无关.通俗地说,就是指在 E 上,z 可以沿着从四面八方通向 z_0 的任何路径趋于 z_0.因此,复变函数极限 $\lim\limits_{\substack{z \to z_0 \\ (z \in E)}} f(z)$ 要比一元实变函数极限 $\lim\limits_{x \to x_0} f(x)$ 复杂得多.

下述定理给出了复变函数的极限与其实部和虚部极限的关系.

定理 1.2 设函数 $f(z) = u(x, y) + \mathrm{i}v(x, y)$ 于点集 E 上有定义,$z_0 = x_0 + \mathrm{i}y_0$ 为 E 的聚点,则

$$\lim_{\substack{z \to z_0 \\ (z \in E)}} f(z) = \eta = a + \mathrm{i}b$$

的充分必要条件是

$$\lim_{\substack{(x, y) \to (x_0, y_0) \\ ((x, y) \in E)}} u(x, y) = a, \qquad \lim_{\substack{(x, y) \to (x_0, y_0) \\ ((x, y) \in E)}} v(x, y) = b.$$

证 因为

$$f(z) - \eta = u(x, y) - a + \mathrm{i}[v(x, y) - b],$$

所以由不等式(1.1)得

$$\begin{cases} |u(x, y) - a| \leqslant |f(z) - \eta|, \\ |v(x, y) - b| \leqslant |f(z) - \eta|, \end{cases} \tag{1.23}$$

且有

$$|f(z) - \eta| \leqslant |u(x, y) - a| + |v(x, y) - b|. \tag{1.24}$$

根据极限的定义,由(1.23)式可得必要性部分的证明,而由(1.24)式可得充分性部分的证明.

这个定理告诉我们,复变函数极限的存在性等价于其实部和虚部的两个二元实变函数极限的存在性,即可把求复变函数的极限转化为求该函数的实部和虚部的极限,也就是求两个二元实变函数的极限.

下面引入复变函数连续性的概念.

定义 1.17 设函数 $w = f(z)$ 在点集 E 上有定义,z_0 为 E 的聚点,且 $z_0 \in E$. 若

$$\lim_{\substack{z \to z_0 \\ (z \in E)}} f(z) = f(z_0),$$

即对任给的 $\varepsilon > 0$,存在 $\delta > 0$,只要 $|z - z_0| < \delta, z \in E$,就有

$$|f(z) - f(z_0)| < \varepsilon,$$

则称 $f(z)$ **沿 E 在点 z_0 连续**.

如果函数 $f(z)$ 在点集 E 上各点均连续,则称 $f(z)$ **在 E 上连续**.

根据上述定义及定理 1.2,容易证明下面的定理 1.3.

定理 1.3 设函数 $f(z)=u(x,y)+iv(x,y)$ 在点集 E 上有定义,$z_0 \in E$,则 $f(z)$ 沿 E 在点 $z_0 = x_0 + iy_0$ 连续的充分必要条件是:二元实变函数 $u(x,y),v(x,y)$ 沿 E 于点 (x_0,y_0) 连续.

注 凡上下文明确,今后在说到极限、连续时,均不必提到"沿什么集",极限符号也可简写为 $\lim\limits_{z \to z_0}$.

例 1.17 设函数

$$f(z) = \frac{1}{2i}\left(\frac{z}{\bar{z}} - \frac{\bar{z}}{z}\right) \quad (z \neq 0),$$

试证 $f(z)$ 在原点无极限,从而在原点不连续.

证 令 $z = r(\cos\theta + i\sin\theta)$,则

$$f(z) = \frac{1}{2i} \cdot \frac{z^2 - \bar{z}^2}{z\bar{z}} = \frac{1}{2i} \cdot \frac{(z+\bar{z})(z-\bar{z})}{r^2}$$

$$= \frac{1}{2ir^2} 2r\cos\theta \cdot 2ri\sin\theta = \sin 2\theta,$$

从而

$$\lim_{\substack{z \to 0 \\ \theta = 0}} f(z) = 0 \text{(沿正实轴 } \theta = 0\text{)},$$

$$\lim_{\substack{z \to 0 \\ \theta = \pi/4}} f(z) = 1 \text{(沿第一象限的平分角线 } \theta = \pi/4\text{)}.$$

故 $f(z)$ 在原点无极限,从而在原点不连续.

特别情形 (1) 若点集 E 为实轴上的线段 $[\alpha,\beta]$,则连续曲线 $z = z(t) = x(t) + iy(t)$ 就是 $[\alpha,\beta]$ 上的连续函数(事实上,函数 $z = z(t) = x(t) + iy(t)$ 可以写为 $z = z(t,0) = x(t,0) + iy(t,0)$,即定义在实轴的线段 $[\alpha,\beta]$ 上且因变量记为 z 的复变函数,由连续曲线的定义知函数 $x(t),y(t)$ 在线段 $[\alpha,\beta]$ 上连续,故函数 $z = z(t) = x(t) + iy(t)$ 在 $[\alpha,\beta]$ 上连续);

(2) 若点集 E 为闭域 $\overline{D}$,则其上每一点均为其聚点,故对在 $\overline{D}$ 上有定义的函数,均可考虑连续性,不过对于边界上的点 z_0,$z \to z_0$ 只能沿 $\overline{D}$ 上的点 z 来取.

易知,在连续变换 $w = f(z)$ 下,z 平面上的一条连续曲线变成 w 平面上的一条连续曲线.

例 1.18 设 $\lim\limits_{z \to z_0} f(z) = \eta$,证明:$f(z)$ 在点 z_0 的某一去心邻域内是有界的.

证 因为 $\lim\limits_{z \to z_0} f(z) = \eta$,所以对任给的 $\varepsilon > 0$,存在 $\delta > 0$,只要 $0 < |z - z_0| < \delta$,就有

$$|f(z)-\eta|<\varepsilon,$$

从而有

$$|f(z)|-|\eta|<\varepsilon,\quad |f(z)|<|\eta|+\varepsilon.$$

故 $f(z)$在点 z_0 的去心邻域 $N_\delta(z_0)-\{z_0\}$ 内是有界的.

例 1.19 设函数 $f(z)$在点 z_0 连续,且 $f(z_0)\neq0$,证明:$f(z)$在点 z_0 的某一邻域内恒不为零.

证 因为 $f(z)$在点 z_0 连续,所以对任给的 $\varepsilon>0$,存在 $\delta>0$,只要 $|z-z_0|<\delta$,就有

$$|f(z)-f(z_0)|<\varepsilon.$$

特别地,取 $\varepsilon=\dfrac{|f(z_0)|}{2}>0$,则由上面的不等式得

$$|f(z)|>|f(z_0)|-\varepsilon=|f(z_0)|-\frac{|f(z_0)|}{2}=\frac{|f(z_0)|}{2}>0.$$

因此,$f(z)$在点 z_0 的 δ 邻域 $N_\delta(z_0)$ 内恒不为零.

与实变函数类似,复变连续函数的和、差、积、商(分母不为零)仍是连续函数;复变连续函数的复合函数仍是连续函数. 在有界闭集上,复变连续函数仍具有有界性、最值可达性及一致连续性.

定理 1.4 在有界闭集 E 上连续的函数 $f(z)$,具有下列三个性质:

(1) $f(z)$在 E 上有界,即存在常数 $M>0$,使得 $|f(z)|\leqslant M\ (z\in E)$;

(2) $|f(z)|$ 在 E 上有最大值和最小值,即在 E 上存在两点 z_1 和 z_2,使得

$$|f(z)|\leqslant|f(z_1)|,\quad |f(z)|\geqslant|f(z_2)|\quad (z\in E);$$

(3) $f(z)$在 E 上一致连续,即对任给的 $\varepsilon>0$,存在 $\delta>0$,使得对 E 上满足 $|z_1-z_2|<\delta$ 的任意两点 z_1 和 z_2,均有

$$|f(z_1)-f(z_2)|<\varepsilon.$$

证明留给读者自己思考(提示:$|f(z)|=\sqrt{u^2(x,y)+v^2(x,y)}$;借助 $u(x,y)$ 及 $v(x,y)$ 的一致连续性可推出 $f(z)$的一致连续性).

§4 复球面与无穷远点

一、复球面

前面我们建立了复数与复平面上点的一一对应关系.下面借用地图制图学中的测地投影法再建立复数与球面上点的一一对应关系,以便引进无穷远点的概念.

取一个在原点 O 与复平面相切的球面,通过点 O 作一垂直于复平面的直线与球面交于点 N,我们把点 N 称为**北极**,而把点 O 称为**南极**(图 1.20).现在用直线段将 N 与复平面上

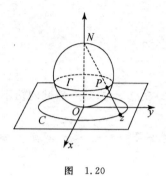

图 1.20

一点 z 相连,此线段交球面于一点 $P(z)$,这样就建立起球面上的点(不包括北极 N)与复平面上的点之间的一一对应关系.

考虑复平面上一个以原点为中心的圆周 C,在球面上对应的也是一个圆周 Γ. 当圆周 C 的半径越大时,圆周 Γ 就越趋于北极 N. 因此,北极 N 可以看成是与复平面上的一个模为无穷大的假想点相对应. 这个假想点称为**无穷远点**,并记为 ∞. 复平面加上点 ∞ 后称为**扩充复平面**,与它对应的就是整个球面,称为**复球面**. 简单地说,扩充复平面的一个几何模型就是复球面.

关于新"数" ∞,作如下几点规定:

(1) 运算 $\infty\pm\infty,\dfrac{\infty}{\infty},\dfrac{0}{0},0\cdot\infty$ 无意义;

(2) $a\neq\infty$ 时,$\infty\pm a=a\pm\infty=\infty,\dfrac{\infty}{a}=\infty,\dfrac{a}{\infty}=0$;

(3) $b\neq0$(但可为 ∞)时,$\infty\cdot b=b\cdot\infty=\infty,\dfrac{b}{0}=\infty$;

(4) ∞ 的实部、虚部及辐角都无意义,$|\infty|=+\infty$;

(5) 复平面上每一条直线都通过点 ∞,同时,没有一个半平面包含点 ∞.

二、扩充复平面上的几个概念

(1) 扩充复平面上,无穷远点 ∞ 的邻域应理解为以原点为心的某个圆周的外部,即 ∞ 的 δ 邻域 $N_\delta(\infty)$ 是指满足条件 $|z|>1/\delta$ 的点集. 同样,聚点、内点和边界点等概念均可以推广到点 ∞. 于是,复平面以 ∞ 为其唯一的边界点;扩充复平面以 ∞ 为内点,且它是唯一的无边界的区域.

任一简单闭曲线 C,将扩充复平面分为两个不相连接的区域,一个是有界区域 $I(C)$,另一个是无界区域 $E(C)$,它们都以 C 为边界(约当定理).

(2) 在扩充复平面上,单连通区域的定义为:设 D 为扩充复平面上的区域,如果区域 D 内任意一条简单闭曲线的内部或外部(包含无穷远点 ∞)全含于 D 内,则称 D 为单连通区域.

(3) 在扩充复平面上,函数的极限与连续性概念也可以推广. 在关系式

$$\lim_{z\to z_0}f(z)=f(z_0)$$

中,如果 z_0 及 $f(z_0)$ 之一或者它们同时取 ∞,就称 $f(z)$ 在点 z_0 是广义连续的,极限就称为广义极限. 在广义的意义下,极限和连续性的"ε-δ"语言要作相应修改.

例如,在 $z_0=\infty,f(\infty)\neq\infty$ 时,$f(z)$ 在点 $z_0=\infty$ 连续的"ε-δ"语言改为:

对任给的 $\varepsilon>0$，存在 $\delta>0$，只要 $|z|>1/\delta$ 时，就有

$$|f(z)-f(\infty)|<\varepsilon.$$

注　以后涉及扩充复平面或扩充复平面上的相关概念时，一定要强调"扩充"二字，凡是没有强调的地方，均指通常的复平面或复平面上的相关概念.

习　题　一

1. 求下列复数的实部、虚部、模与主辐角：

(1) $\dfrac{1}{i}-\dfrac{3i}{1-i}$；

(2) $\left(\dfrac{1+\sqrt{3}i}{2}\right)^{n}$ $(n=2,3)$；

(3) $\sqrt{1+i}$；

(4) $i^8-4i^{21}+i$.

2. 如果等式 $\dfrac{x+1+i(y-3)}{5+3i}=1+i$ 成立，试求实数 x,y 的值.

3. 设 $z_1=\sqrt{3}+i$，$z_2=\dfrac{1-i}{\sqrt{2}}$，试用指数形式表示 z_1z_2 及 $\dfrac{z_1}{z_2}$.

4. 解二项方程 $z^5+a^5=0$ $(a>0)$.

5. 证明 $|z_1+z_2|^2+|z_1-z_2|^2=2(|z_1|^2+|z_2|^2)$，并说明其几何意义.

6. 设 z_1,z_2,z_3 满足条件

$$z_1+z_2+z_3=0 \quad 及 \quad |z_1|=|z_2|=|z_3|=1,$$

证明：z_1,z_2,z_3 是内接于单位圆周 $|z|=1$ 的一个正三角形的顶点.

7. 下列关系表示的点 z 的轨迹是什么？它是不是区域？

(1) $|z+i|=|z-i|$；

(2) $|z-1|<|z+3|$；

(3) $\left|\dfrac{z-3}{z-2}\right|\geqslant 1$；

(4) $0<\arg(z-1)<\dfrac{\pi}{4}$ 且 $2\leqslant \mathrm{Re}z\leqslant 3$；

(5) $|z|>2$ 且 $|z-3|>1$；

(6) $\mathrm{Im}z>1$ 且 $|z|<3$；

(7) $|z|<3$ 且 $0<\arg z<\dfrac{\pi}{4}$；

(8) $\left|z-\dfrac{i}{2}\right|>\dfrac{1}{2}$ 且 $\left|z-\dfrac{3i}{2}\right|>\dfrac{1}{2}$.

8. 把函数 $f(z)=\dfrac{iz^2+1}{|z-i|}$ 写成 $f(z)=u(x,y)+iv(x,y)$ 的形式.

9. 设函数 $f(z)=x^2-y^2+2y+i(2x+2yx)$，写出 $f(z)$ 关于 z 的表达式.

10. 证明：z 平面上的直线方程可以写成如下形式：

$$\alpha \bar{z}+\bar{\alpha}z=C \quad (\alpha \text{ 是非零复常数，} C \text{ 是实常数}).$$

11. 证明：z 平面上的圆周方程可以写成如下形式：

$$Az\bar{z}+\beta \bar{z}+\bar{\beta}z+C=0,$$

其中 A,C 为实数, β 为复数,且 $|\beta|^2 > AC$.

12. 试证:复平面上三点 $a+bi,0,\dfrac{1}{-a+bi}$ 共直线.

13. 求下列方程(t 是实参数)给出的曲线:

(1) $z=(1+i)t$;   (2) $z=a\cos t+ib\sin t$;

(3) $z=t+\dfrac{i}{t}$;   (4) $z=t^2+\dfrac{i}{t^2}$.

14. 函数 $w=\dfrac{1}{z}$ 将 z 平面上的下列曲线变成 w 平面上的什么曲线($z=x+iy,w=u+iv$)?

(1) $x^2+y^2=6$;   (2) $y=x$;

(3) $y=1$;   (4) $(x-1)^2+y^2=1$.

15. 证明:(1) 多项式函数 $P(z)=a_0 z^n+a_1 z^{n-1}+\cdots+a_n$ ($a_0\neq 0$)在 z 平面上连续;

(2) 有理分式函数 $f(z)=\dfrac{a_0 z^n+a_1 z^{n-1}+\cdots+a_n}{b_0 z^m+b_1 z^{m-1}+\cdots+b_m}$ ($a_0\neq 0,b_0\neq 0$)在 z 平面上除使分母为零的点外都连续.

16. 试证:$\arg z$($-\pi<\arg z\leqslant\pi$)在负实轴上(包括原点)不连续,除此之外在 z 平面上处处连续.

(同理可证 $\arg z$($0\leqslant\arg z<2\pi$)在正实轴上(包括原点)不连续,除此之外在 z 平面上处处连续.)

17. 试证:函数 $f(z)=\bar{z}$ 在 z 平面上处处连续.

18. 如果函数 $f(z)$ 在点 z_0 连续,证明:$\overline{f(z)}$,$|f(z)|$ 也在点 z_0 连续.

19. 设函数

$$f(z)=\begin{cases} \dfrac{xy^3}{x^2+y^6}, & z\neq 0, \\ 0, & z=0, \end{cases}$$

试证:$f(z)$ 在原点不连续.

20. 试问:函数 $f(z)=\dfrac{1}{1-z}$ 在单位圆 $|z|<1$ 内是否连续?是否一致连续?

第二章 解析函数

> 复变函数论的主要任务是研究解析函数的性质及其应用. 初等解析函数是复变函数最基本、最重要的实例,而初等多值函数又是初等函数的重要组成部分,也是复变函数论中最突出的难点之一. 因此,研究初等解析函数的特殊性质和如何把初等多值函数化为单值函数是应用复变函数论解决实际问题的重要基础.

§1 解析函数的概念

一、导数与微分

类似于实变函数,我们也可以定义复变函数的导数和微分.

定义 2.1 设函数 $w = f(z)$ 在点 z_0 的某一邻域内有定义. 在此邻域内任取一点 $z_0 + \Delta z$ ($\Delta z \neq 0$),考虑比值

$$\frac{\Delta w}{\Delta z} = \frac{f(z) - f(z_0)}{z - z_0} = \frac{f(z_0 + \Delta z) - f(z_0)}{\Delta z}.$$

若极限 $\lim\limits_{\Delta z \to 0} \dfrac{\Delta w}{\Delta z} = \lim\limits_{z \to z_0} \dfrac{f(z) - f(z_0)}{z - z_0}$ 存在,且其值有限,则称此极限为函数 $f(z)$ 在点 z_0 的**导数**,并记为 $f'(z_0)$,即

$$f'(z_0) = \lim_{\Delta z \to 0} \frac{\Delta w}{\Delta z} = \lim_{z \to z_0} \frac{f(z) - f(z_0)}{z - z_0}. \tag{2.1}$$

这时称函数 $f(z)$ 在点 z_0 **可导**.

(2.1)式可改写为

$$\Delta w = f'(z_0) \Delta z + o(\Delta z) \quad (\Delta z \to 0), \tag{2.2}$$

其中 $o(\Delta z)$ 记为变量 η 时应满足 $\lim\limits_{\Delta z \to 0} \dfrac{|\eta|}{|\Delta z|} = 0$. 当(2.2)式成立时,称 $f'(z_0) \Delta z$ 为函数 $w = f(z)$ 在点 z_0 的**微分**,记为 $\mathrm{d}w|_{z=z_0}$ 或 $\mathrm{d}f|_{z=z_0}$,此时也称 $f(z)$ 在点 z_0 **可微**.

函数 $w = f(z)$ 在一点的导数或微分可推广到平面点集上,此时就确

定了导函数和函数的微分:

$$f'(z) = \frac{\mathrm{d}w}{\mathrm{d}z}, \quad \mathrm{d}w = f'(z)\mathrm{d}z.$$

同一元实变函数一样,函数 $f(z)$ 可导和可微是等价的;函数 $f(z)$ 在一点可导(或可微)则在该点必连续,反之未然.

由于(2.1),(2.2)两式及复变函数极限运算法则与一元实变函数中的形式相同,因此一元实变函数中有关求导的基本法则和公式以及高阶导数的定义可以形式不变地推广到复变函数中来. 特别地,还有一些定理或结论也可推广到复变函数中来,如

(1) 函数 $f(z)$ 在区域 D 内为常数的充分必要条件是在 D 内 $f'(z)=0$;

(2) $\lim\limits_{z \to z_0} f(z) = a$ 的充分必要条件是 $f(z) = a + \eta$,其中 $\lim\limits_{z \to z_0} \eta = 0$.

例 2.1 证明:函数 $w = f(z) = \bar{z}$ 在 z 平面上处处不可微.

证 对于 z 平面上的任意点 z,考虑 $\dfrac{\Delta w}{\Delta z} = \dfrac{\overline{z + \Delta z} - \bar{z}}{\Delta z} = \dfrac{\overline{\Delta z}}{\Delta z}$. 当 Δz 取实数趋于零时,其极限为 1;当 Δz 取纯虚数趋于零时,其极限为 -1. 因此 $\lim\limits_{\Delta z \to 0} \dfrac{\Delta w}{\Delta z}$ 不存在,即 $w = f(z) = \bar{z}$ 在 z 平面上处处不可微.

二、解析函数

定义 2.2 如果函数 $w = f(z)$ 在区域 D 内每一点都可微,则称 $f(z)$ 为区域 D 内的**解析函数**,或称 $f(z)$ 在区域 D 内**解析**.

区域 D 内的解析函数也称为区域 D 内的**全纯函数**或**正则函数**.

注 为了叙述上语言的简捷,我们常用以下说法:

(1)"函数 $f(z)$ 在一点 z_0 解析",其含义是 $f(z)$ 在点 z_0 的某一邻域内解析;

(2)"函数 $f(z)$ 在闭域 $\overline{D}$ 上解析",其含义是 $f(z)$ 在某一包含闭域 $\overline{D}$ 的区域内解析;

(3)"函数 $f(z)$ 在曲线 L 上解析",其含义是 $f(z)$ 在某一包含曲线 L 的区域内解析.

定义 2.3 若函数 $f(z)$ 在点 z_0 不解析,但在 z_0 的任一邻域内总有 $f(z)$ 的解析点,则称 z_0 为函数 $f(z)$ 的**奇点**.

例如,函数 $w = \dfrac{1}{z}$ 在 z 平面上以 $z = 0$ 为奇点,函数 $w = \bar{z}$ 在 z 平面上无奇点.

根据求导法则,对于解析函数有如下运算法则:

(1) 如果函数 $f_1(z), f_2(z)$ 在区域 D 内解析,则其和、差、积、商(分母在 D 内不为零)在 D 内解析,且有

$$[f_1(z) \pm f_2(z)]' = f_1'(z) \pm f_2'(z),$$
$$[f_1(z) f_2(z)]' = f_1'(z) f_2(z) + f_1(z) f_2'(z),$$

$$\left[\frac{f_1(z)}{f_2(z)}\right]' = \frac{f_1'(z)f_2(z)-f_1(z)f_2'(z)}{[f_2(z)]^2} \quad (f_2(z)\neq 0).$$

(2) 设函数 $\zeta=g(z)$ 在区域 D 内解析，$w=f(\zeta)$ 在区域 G 内解析，且当 $z\in D$ 时，$w\in G$，则 $w=f[g(z)]$ 在 D 内解析，且有

$$\frac{\mathrm{d}f[g(z)]}{\mathrm{d}z}=\frac{\mathrm{d}f(\zeta)}{\mathrm{d}\zeta}\cdot\frac{\mathrm{d}g(z)}{\mathrm{d}z}.$$

(3) 若函数 $w=f(z)$ 的反函数存在，则 $[f^{-1}(z)]'=\dfrac{1}{f'(z)}$ $(f'(z)\neq 0)$.

这些结果的证明与一元实变函数的相应结果完全类似.

下面给出几个常见函数求导数的例子.

例 2.2 函数 $f(z)=z^n$ (n 为正整数)在 z 平面上解析，且 $\dfrac{\mathrm{d}z^n}{\mathrm{d}z}=nz^{n-1}$.

例 2.3 多项式函数 $P(z)=a_0z^n+a_1z^{n-1}+\cdots+a_n$ $(a_0\neq 0)$ 在 z 平面上解析，且有
$$P'(z)=na_0z^{n-1}+(n-1)a_1z^{n-2}+\cdots+2a_{n-2}z+a_{n-1};$$
同样 $P'(z)$ 在 z 平面上解析，且有
$$P''(z)=[P'(z)]'=n(n-1)a_0z^{n-2}+(n-1)(n-2)a_1z^{n-3}+\cdots+2a_{n-2};$$
以此类推，有
$$P^{(n)}(z)=a_0n!.$$

例 2.4 复平面上，任何有理函数(即两个多项式函数的商)在除去分母为零的点外是解析的，即分母的根都是它的奇点.

例 2.5 对于实变复值函数 $z(t)=x(t)+\mathrm{i}y(t)$ $(t\in[\alpha,\beta])$，根据导数公式求得
$$z'(t)=x'(t)+\mathrm{i}y'(t) \quad (t\in[\alpha,\beta]).$$

三、柯西-黎曼方程

虽然复变函数的导数及其运算法则与一元实变函数几乎相同，但实质上两者之间有很大差别，复变函数的导数与微分要复杂得多. 设在区域 D 内给定二元实变函数 $u(x,y)$，$v(x,y)$，则在 D 内可唯一确定复变函数
$$f(z)=u(x,y)+\mathrm{i}v(x,y).$$
一般说来，如果 $u(x,y)$，$v(x,y)$ 相互独立，即使它们各自可微，也不能确定 $f(z)$ 可微. 例如，函数 $w=\bar{z}=x-\mathrm{i}y$ 在 z 平面上处处连续，$u=x$，$v=-y$ 对 x,y 的偏导数均存在且连续，但由例 2.1 知，$w=\bar{z}$ 在 z 平面上处处不可微. 因此我们想到，如果 $f(z)$ 可微，实部 $u(x,y)$ 与虚部 $v(x,y)$ 一定不是相互独立的，而是满足某种特殊的关系. 那么要使复变函数在一点可微，它的实部与虚部应该满足怎样的条件呢？下面的定理给出了回答.

定理 2.1 函数 $f(z)=u(x,y)+\mathrm{i}v(x,y)$ 在区域 D 内的点 $z=x+\mathrm{i}y$ 处可微的充分必

要条件是：在点 (x,y)，函数 $u(x,y)$ 及 $v(x,y)$ 可微并且满足

$$\frac{\partial u}{\partial x} = \frac{\partial v}{\partial y}, \qquad \frac{\partial u}{\partial y} = -\frac{\partial v}{\partial x}. \tag{2.3}$$

此时有

$$f'(z) = \frac{\partial u}{\partial x} + \mathrm{i}\frac{\partial v}{\partial x} = \frac{\partial v}{\partial y} - \mathrm{i}\frac{\partial u}{\partial y} = \frac{\partial u}{\partial x} - \mathrm{i}\frac{\partial u}{\partial y} = \frac{\partial v}{\partial y} + \mathrm{i}\frac{\partial v}{\partial x}. \tag{2.4}$$

证 **必要性** 设 $f(z)$ 在点 $z = x + \mathrm{i}y$ 可微，则有

$$\Delta f = f'(z)\Delta z + o(\Delta z),$$

其中 $o(\Delta z) = \eta_1 + \mathrm{i}\eta_2$，且 $\dfrac{|\eta_1|}{|\Delta z|} \to 0$，$\dfrac{|\eta_2|}{|\Delta z|} \to 0$ $(\Delta z \to 0)$.

令 $f'(z) = \alpha + \mathrm{i}\beta$，则有

$$\begin{aligned}
\Delta f &= (\alpha + \mathrm{i}\beta)(\Delta x + \mathrm{i}\Delta y) + \eta_1 + \mathrm{i}\eta_2 \\
&= (\alpha\Delta x - \beta\Delta y) + \mathrm{i}(\beta\Delta x + \alpha\Delta y) + \eta_1 + \mathrm{i}\eta_2,
\end{aligned}$$

即

$$\Delta u = \alpha\Delta x - \beta\Delta y + \eta_1, \qquad \Delta v = \beta\Delta x + \alpha\Delta y + \eta_2.$$

由二元实函数可微的定义知，$u(x,y)$ 及 $v(x,y)$ 在点 (x,y) 可微，且

$$\frac{\partial u}{\partial x} = \alpha = \frac{\partial v}{\partial y}, \qquad \frac{\partial u}{\partial y} = -\beta = -\frac{\partial v}{\partial x},$$

即 (2.3) 式成立.

充分性 由于 $u(x,y)$ 及 $v(x,y)$ 在点 (x,y) 可微，有

$$\Delta u = \frac{\partial u}{\partial x}\Delta x + \frac{\partial u}{\partial y}\Delta y + o(\sqrt{(\Delta x)^2 + (\Delta y)^2}),$$

$$\Delta v = \frac{\partial v}{\partial x}\Delta x + \frac{\partial v}{\partial y}\Delta y + o(\sqrt{(\Delta x)^2 + (\Delta y)^2}),$$

再由 (2.3) 式有

$$\begin{aligned}
\Delta f &= \Delta u + \mathrm{i}\Delta v \\
&= \left(\frac{\partial u}{\partial x} + \mathrm{i}\frac{\partial v}{\partial x}\right)(\Delta x + \mathrm{i}\Delta y) + o(\sqrt{(\Delta x)^2 + (\Delta y)^2}),
\end{aligned}$$

因此 $\lim\limits_{\Delta z \to 0}\dfrac{\Delta f}{\Delta z} = \dfrac{\partial u}{\partial x} + \mathrm{i}\dfrac{\partial v}{\partial x}$ 存在，即 $f(z)$ 在点 z 可导.

由 (2.3) 式容易得出

$$f'(z) = \frac{\partial u}{\partial x} + \mathrm{i}\frac{\partial v}{\partial x} = \frac{\partial v}{\partial y} - \mathrm{i}\frac{\partial u}{\partial y} = \frac{\partial u}{\partial x} - \mathrm{i}\frac{\partial u}{\partial y} = \frac{\partial v}{\partial y} + \mathrm{i}\frac{\partial v}{\partial x}.$$

条件 (2.3) 一般称为**柯西-黎曼方程**（简称 **C-R 方程**）.

根据判断二元实变函数可微的充分条件，即偏导连续，可以立即得到下面的推论.

推论 1 函数 $f(z) = u(x,y) + \mathrm{i}v(x,y)$ 在区域 D 内的点 $z = x + \mathrm{i}y$ 处可微的充分条件

是：u_x,u_y,v_x,v_y 在点 (x,y) 连续，并且 $u(x,y)$ 及 $v(x,y)$ 在点 (x,y) 满足 C-R 方程.

推论 2 函数 $f(z)=u(x,y)+iv(x,y)$ 在区域 D 内解析的充分条件是：u_x,u_y,v_x,v_y 在 D 内连续，并且 $u(x,y)$ 及 $v(x,y)$ 在 D 内满足 C-R 方程.

由解析函数的定义及定理 2.1，我们可以得到一个判断函数在区域 D 内解析的充分必要条件.

定理 2.2 函数 $f(z)=u(x,y)+iv(x,y)$ 在区域 D 内解析的充分必要条件是：$u(x,y)$ 及 $v(x,y)$ 在 D 内可微并且在 D 内满足 C-R 方程.

既然解析函数是复变函数论的主要研究对象，那么判断函数的可微性及解析性就是一个基本问题. 由以上的定义及定理可以看出，我们先根据定理 2.1 的推论 1 求出函数的可微点集，进而看这个可微点集是否为区域即可判断出函数的解析性.

例 2.6 讨论函数 $f(z)=\bar{z}$ 的解析性.

解 由 $f(z)=\bar{z}=x-iy$，知

$$u=x, \quad v=-y, \quad u_x=1, \quad u_y=0, \quad v_x=0, \quad v_y=-1.$$

四个偏导数 u_x,u_y,v_x,v_y 在 z 平面上处处连续，但不满足 C-R 方程，故 $f(z)=\bar{z}$ 在 z 平面上处处不可微，从而在 z 平面上处处不解析.

例 2.7 讨论函数 $f(z)=x^2-iy$ 的解析性.

解 这里 $u=x^2,v=-y,u_x=2x,u_y=0,v_x=0,v_y=-1$. 四个偏导数 u_x,u_y,v_x,v_y 在 z 平面上处处连续，但欲满足 C-R 方程

$$\frac{\partial u}{\partial x}=\frac{\partial v}{\partial y}, \quad \frac{\partial u}{\partial y}=-\frac{\partial v}{\partial x},$$

只要 $2x=-1$，即 $x=-1/2$，因此 $f(z)=x^2-iy$ 只在直线 $x=-1/2$ 上可微，从而在 z 平面上处处不解析.

例 2.8 试证：函数 $f(z)=e^x(\cos y+i\sin y)$ 在 z 平面上解析，且 $f'(z)=f(z)$.

证 这里 $u=e^x\cos y,v=e^x\sin y$，而

$$u_x=e^x\cos y, \quad u_y=-e^x\sin y, \quad v_x=e^x\sin y, \quad v_y=e^x\cos y.$$

这四个偏导数在 z 平面上处处连续，且满足 C-R 方程，故 $f(z)$ 在 z 平面上解析，并且

$$f'(z)=\frac{\partial u}{\partial x}+i\frac{\partial v}{\partial x}=e^x\cos y+ie^x\sin y=f(z).$$

§2 初等解析函数

和数学分析中一样，复数域上的初等函数也是由一些基本初等函数经过有限次四则运算或复合而来的. 上一节中我们已经指出了复数域中的多项式函数和有理函数的解析性，现在要把数学分析中常用的其他一些初等函数推广到复数域上来，并研究它们具有的一些新

的性质.特别地,推广之后复的初等函数中有单值和多值的情况.这一节主要讨论复数域上初等单值函数的解析性和映射性质.

定义 2.4　设函数 $f(z)$ 在区域 D 内有定义.如果对于 D 内任意不同两点 z_1 和 z_2,当 $z_1 \neq z_2$ 时,$f(z_1) \neq f(z_2)$,那么称 $f(z)$ 在 D 内是**单叶的**,或称 $f(z)$ 是 D 内的**单叶函数**,其中 D 称为 $f(z)$ 的**单叶性区域**.

显然,设 $G = f(D)$,则单叶函数 $w = f(z)$ 是区域 D 到区域 G 的一个一一映射.

一、幂函数

对于幂函数

$$w = z^n \quad (n \in \mathbf{N}^+),$$

已知其在整个 z 平面上解析,且 $(z^n)' = nz^{n-1}$.下面重点研究一下它的映射性质,特别是单叶性区域的像.

根据定义 2.4,如果 D 为 $f(z)$ 的单叶性区域,则对于 D 内任意不同的两点 z_1 和 z_2,都不能满足条件

$$f(z_1) = f(z_2) \quad (z_1 \neq z_2), \tag{2.5}$$

那么我们只要找出满足条件(2.5)的等价条件,再否定等价条件,就可找到不满足条件(2.5)的区域,即 $f(z)$ 的单叶性区域.

设 $z_1, z_2 \in \mathbf{C}, z_1 \neq z_2$,但 $z_1^n = z_2^n$.不妨设 $z_1 \neq 0, z_2 \neq 0$,且 $z_1 = r_1 \mathrm{e}^{\mathrm{i}\theta_1}, z_2 = r_2 \mathrm{e}^{\mathrm{i}\theta_2}$,则有

$$r_1^n \mathrm{e}^{\mathrm{i}n\theta_1} = r_2^n \mathrm{e}^{\mathrm{i}n\theta_2} \iff \begin{cases} r_1^n = r_2^n, \\ n\theta_1 - n\theta_2 = 2k\pi, \ k \in \mathbf{Z}, k \neq 0 \end{cases}$$

$$\iff \begin{cases} |z_1| = |z_2|, \\ \arg z_1 - \arg z_2 = k \dfrac{2\pi}{n}, \ k \in \mathbf{Z}, k \neq 0. \end{cases}$$

不满足 $|z_1| = |z_2|$ 且 $\arg z_1 - \arg z_2 = k\dfrac{2\pi}{n}$ 的区域有很多,我们列举两组常用区域:

(1) $D_k : \dfrac{2k\pi}{n} < \arg z < \dfrac{2(k+1)\pi}{n}$, $k = 0, 1, 2, \cdots, n-1$.

特别地,有

$$D_0 : 0 < \arg z < \frac{2\pi}{n}.$$

(2) $D_k' : \dfrac{(2k-1)\pi}{n} < \arg z < \dfrac{(2k+1)\pi}{n}$, $k = 0, 1, 2, \cdots, n-1$.

特别地,有

$$D_0' : -\frac{\pi}{n} < \arg z < \frac{\pi}{n}.$$

显然,单叶性区域的子区域仍是单叶性区域.

令 $w=\rho e^{i\varphi}$, $z=re^{i\theta}$,则 $w=z^n$ 即 $\rho e^{i\varphi}=r^n e^{in\theta}$,从而有 $\rho=r^n$, $\varphi=n\theta$(事实上 $\varphi=n\theta+2k\pi$, 而映射性质是几何性质,故不妨取 $k=0$,即 $|w|=|z|^n$, $\arg w=n\arg z$(只考虑主辐角的关系). 由此我们给出几个在对应法则 $w=z^n$ 下的常见映射(变换):

(1) $|z|=r \to |w|=r^n$. (圆周→圆周)

(2) $\arg z=\theta_0 \to \arg w=n\theta_0$. (射线→射线)

(3) $D_k: \dfrac{2k\pi}{n}<\arg z<\dfrac{2(k+1)\pi}{n} \to G: 0<\arg w<2\pi$, $k=0,1,\cdots,n-1$;

$\qquad D'_k: \dfrac{(2k-1)\pi}{n}<\arg z<\dfrac{(2k+1)\pi}{n} \to G': -\pi<\arg w<\pi$, $k=0,1,\cdots,n-1$.

特别地,有

$$D_0: 0<\arg z<\frac{2\pi}{n} \to G: 0<\arg w<2\pi;$$

$$D'_0: -\frac{\pi}{n}<\arg z<\frac{\pi}{n} \to G': -\pi<\arg w<\pi.$$

(4) $0<\arg z<\alpha<\dfrac{2\pi}{n} \to 0<\arg w<n\alpha$.

二、指数函数

定义 2.5 对于任意复数 $z=x+iy$,称 $e^z=e^{x+iy}=e^x(\cos y+i\sin y)$ 为**指数函数**.

注意,当 $z=x$ ($y=0$)时,$e^z=e^x>0$,此时 e^z 就是实变函数;当 $z=iy$ ($x=0$)时,$e^{iy}=\cos y+i\sin y$,它是欧拉公式,因此指数函数可看做欧拉公式的推广.

指数函数具有下列**性质**:

(1) 设 $z=x+iy$,则 $|e^z|=e^x>0$, $e^z\neq0$.

(2) 设 $z=x+iy$,则 $\arg e^z=y$(这里 $\arg e^z$ 指 e^z 的一个确定的辐角,未必是主辐角).

(3) 解析性:e^z 在 z 平面上解析,且 $(e^z)'=e^z$(见例 2.8).

(4) 加法定理:$e^{z_1+z_2}=e^{z_1}\cdot e^{z_2}$(由指数函数的定义及乘法运算法则知).

(5) 周期性:e^z 是以 $2k\pi i$ 为周期的周期函数,其中 k 为非零整数.

事实上,$e^{z+2k\pi i}=e^z\cdot e^{2k\pi i}=e^z(\cos2k\pi+i\sin2k\pi)=e^z$, $e^{2k\pi i}=1$.

(6) $\lim\limits_{z\to\infty}e^z$ 不存在,即 e^∞ 无意义.

事实上,当 z 分别沿实轴正向和负向趋于点 ∞ 时极限值不相等.

下面我们研究指数函数的映射性质,首先求单叶性区域.

对任意的 $z_1,z_2\in\mathbf{C}$, $z_1\neq z_2$,令 $z_1=x_1+iy_1$, $z_2=x_2+iy_2$ ($x_1\neq x_2$ 或 $y_1\neq y_2$),则

$$e^{z_1}=e^{z_2}, \text{即} \quad e^{x_1+iy_1}=e^{x_2+iy_2}$$

$$\Longleftrightarrow \begin{cases} e^{x_1} = e^{x_2}, \\ y_1 = y_2 + 2k\pi, \ k \in \mathbf{Z}, k \neq 0 \end{cases}$$

$$\Longleftrightarrow \begin{cases} x_1 = x_2 \\ y_1 - y_2 = 2k\pi, \ k \in \mathbf{Z}, k \neq 0. \end{cases} \tag{2.6}$$

否定条件(2.6)得出两组常见的单叶性区域：

(1) D_k：$2k\pi < \text{Im} z < 2(k+1)\pi$, $k = 0, \pm 1, \cdots$.

特别地,有

$$D_0 : 0 < \text{Im} z < 2\pi.$$

(2) D_k'：$(2k-1)\pi < \text{Im} z < (2k+1)\pi$, $k = 0, \pm 1, \cdots$.

特别地,有

$$D_0' : -\pi < \text{Im} z < \pi.$$

我们再给出几个在对应法则 $w = e^z$ 下的常见映射(变换)：

(1) $x = x_0 \rightarrow |w| = e^{x_0}$. （直线→圆周）

(2) $y = y_0 \rightarrow \arg w = y_0$. （直线→射线）

(3) D_k：$2k\pi < \text{Im} z < 2(k+1)\pi \rightarrow G$：$0 < \arg w < 2\pi$, $k = 0, \pm 1, \cdots$;

　　　D_k'：$(2k-1)\pi < \text{Im} z < (2k+1)\pi \rightarrow G'$：$-\pi < \arg w < \pi$, $k = 0, \pm 1, \cdots$.

特别地,有

$$D_0 : 0 < \text{Im} z < 2\pi \rightarrow G : 0 < \arg w < 2\pi,$$
$$D_0' : -\pi < \text{Im} z < \pi \rightarrow G' : -\pi < \arg w < \pi.$$

三、三角函数

由指数函数的定义,有

$$e^{iy} = \cos y + i \sin y, \quad e^{-iy} = \cos y - i \sin y,$$

联立可以解出

$$\sin y = \frac{e^{iy} - e^{-iy}}{2i}, \quad \cos y = \frac{e^{iy} + e^{-iy}}{2}.$$

若将上两式中的 y 换为 z,由指数函数的定义知其左、右两端仍均有意义. 为此可引入如下定义：

定义 2.6　规定 $\sin z = \dfrac{e^{iz} - e^{-iz}}{2i}$, $\cos z = \dfrac{e^{iz} + e^{-iz}}{2}$,并分别称它们为 z 的**正弦函数**和**余弦函数**.

正弦函数和余弦函数具有如下**性质**：

(1) **解析性**：在 z 平面上解析,且 $(\sin z)' = \cos z$, $(\cos z)' = -\sin z$.

（2）奇偶性：$\sin z$ 是奇函数，$\cos z$ 是偶函数．

（3）三角恒等式：$\sin^2 z + \cos^2 z = 1$，$\sin(z_1 + z_2) = \sin z_1 \cos z_2 + \cos z_1 \sin z_2$，等等．

（4）周期性：以 $2k\pi$ 为周期，其中 k 为非零整数．

（5）零点：$\sin z$ 的零点（即 $\sin z = 0$ 的根）为 $z = n\pi$，$n = 0, \pm 1, \cdots$；

$$\cos z \text{ 的零点为 } z = \left(n + \frac{1}{2}\right)\pi, n = 0, \pm 1, \cdots.$$

（6）无界性：复数域内不能断言 $|\sin z| \leqslant 1$，$|\cos z| \leqslant 1$．

例如，若取 $z = iy$ $(y > 0)$，则 $\cos(iy) = \dfrac{e^{-y} + e^{y}}{2} > \dfrac{e^{y}}{2}$，只要 y 充分大，$\cos(iy)$ 就可以大于任意给定的正数．

定义 2.7　规定

$$\tan z = \frac{\sin z}{\cos z}, \quad \cot z = \frac{\cos z}{\sin z}, \quad \sec z = \frac{1}{\cos z}, \quad \csc z = \frac{1}{\sin z},$$

并分别称它们为 z 的**正切函数**、**余切函数**、**正割函数**及**余割函数**．

正切函数、余切函数、正割函数及余割函数都在 z 平面上分母不为零处解析，且有

$$(\tan z)' = \sec^2 z, \qquad (\cot z)' = -\csc^2 z,$$
$$(\sec z)' = \sec z \cdot \tan z, \qquad (\csc z)' = -\csc z \cdot \cot z.$$

正切函数及余切函数的周期为 $k\pi$，正割函数及余割函数的周期为 $2k\pi$，其中 k 为非零整数．

定义 2.8　规定

$$\sinh z = \frac{e^{z} - e^{-z}}{2}, \quad \cosh z = \frac{e^{z} + e^{-z}}{2},$$
$$\tanh z = \frac{\sinh z}{\cosh z}, \quad \coth z = \frac{1}{\tanh z},$$
$$\operatorname{sech} z = \frac{1}{\cosh z}, \quad \operatorname{csch} z = \frac{1}{\sinh z},$$

并分别称它们为 z 的**双曲正弦函数**、**双曲余弦函数**、**双曲正切函数**、**双曲余切函数**、**双曲正割函数**及**双曲余割函数**．

显然定义 2.6，定义 2.7，定义 2.8 都是在指数函数基础上定义的，它们的性质、运算都可以由指数函数得出．

§3　基本初等多值函数

初等多值函数是复变函数论中初等函数部分的一个重要内容，但它的解析性研究起来比较复杂，原因是解析性是以极限、连续、可微为基础定义并研究的，而这些概念都是对单值

函数来说的,对于多值函数就无法在原来意义下研究它的解析性.因此初等多值函数也是复变函数论内容的难点之一.我们研究多值函数最根本的方法就是把多值函数化为单值函数来研究,即在特定的区域内把多值函数分解为单值分支,再研究其解析性及映射性质.

这一节我们先针对比较简单的基本初等多值函数应用限制辐角的方法研究其分解问题,进而研究其性质.

一、根式函数

定义 2.9 设 $z \neq 0$,满足等式 $w^n = z$(n 是大于 1 的整数)的 w 称为 z 的**根式函数**,记做

$$w = \sqrt[n]{z}.$$

令 $w = \rho e^{i\varphi}$,$z = r e^{i\theta}$,则 $\rho = r^{\frac{1}{n}}$,$\varphi = \dfrac{\theta + 2k\pi}{n}$. 于是

$$w = \sqrt[n]{z} = \sqrt[n]{|z|}\, e^{i\frac{\arg z + 2k\pi}{n}} = \sqrt[n]{|z|}\, e^{i\frac{\operatorname{Arg} z}{n}}, \quad k = 0, 1, \cdots, n-1. \tag{2.7}$$

可见,$w = \sqrt[n]{z}$ 是定义在 $\mathbf{C} - \{0\}$ 上的 n 值函数,多值性是由辐角 $\operatorname{Arg} z = \arg z + 2k\pi$ 的多值性引起的.我们也可规定 $z = 0$ 时 $w = 0$,此时 $w = \sqrt[n]{z}$ 是定义在 $\mathbf{C}$ 上的.

1. 根式函数的单值分支

如果限制主辐角,令 $0 \leqslant \arg z < 2\pi$(或 $-\pi < \arg z \leqslant \pi$),则对于一个固定的 k($k = 0, 1, \cdots, n-1$),所对应的函数

$$w_k = (\sqrt[n]{z})_k = \sqrt[n]{|z|}\, e^{i\frac{\arg z + 2k\pi}{n}}$$

是 $\mathbf{C} - \{0\}$ 上的单值函数,称其为 $w = \sqrt[n]{z}$ 的一个**单值分支**,其中

$$w_0 = (\sqrt[n]{z})_0 = \sqrt[n]{|z|}\, e^{i\frac{\arg z}{n}}$$

称为 $w = \sqrt[n]{z}$ 的**主值支**或**主支**.

2. 单值分支的解析性

前面提到解析性是对单值函数而言的,对于多值函数就无法在原来的意义下研究它的解析性,但多值函数 $w = \sqrt[n]{z}$ 的每一个分支 $w_k = (\sqrt[n]{z})_k = \sqrt[n]{|z|}\, e^{i\frac{\arg z + 2k\pi}{n}}$ 在 $\mathbf{C} - \{0\}$ 上都是单值的,所以可以研究这些单值分支的解析性.由习题一第 16 题知 $\arg z$($0 \leqslant \arg z < 2\pi$)在正实轴上(包括原点)不连续,所以 $\mathbf{C} - \{0\}$ 不可能是 w_k 的解析区域.为此,我们把 z 平面从原点起沿着正实轴割开得到一个区域 D:$0 < \arg z < 2\pi$,区域 D 的边界是原点和正实轴(这里的正实轴看成由上、下两沿组成).显然在区域 D 内,限制了主辐角 $0 < \arg z < 2\pi$,此时单值分支

$$w_k = (\sqrt[n]{z})_k = \sqrt[n]{|z|}\, e^{i\frac{\arg z + 2k\pi}{n}} \quad (0 < \arg z < 2\pi; \ k = 0, 1, \cdots, n-1)$$

在区域 D 内连续,并且根据习题二第 7 题极坐标下判断函数可微的充分条件,可证 w_k 在 D

内解析,且有

$$\frac{\mathrm{d}w_k}{\mathrm{d}z} = \frac{(\sqrt[n]{z})_k}{nz}.$$

若把 z 平面从原点起沿着负实轴割开得到一个区域 D'：$-\pi < \arg z < \pi$,同理可证 w_k（作限制 $-\pi < \arg z < \pi$）在 D' 内也解析.

我们称区域 $D(D')$ 为 $w = \sqrt[n]{z}$ 的**单值解析区域**或**可单值分支区域**,包括原点的正实轴（负实轴）称为 $w = \sqrt[n]{z}$ 的**支割线**（支割线的定义在后面的内容中还要具体给出）.

3. 映射性质

上一节我们研究了幂函数 $z = w^n$ 的单叶性区域及其像,它的一组单叶性区域是

$$G_k: \frac{2k\pi}{n} < \arg w < \frac{2(k+1)\pi}{n}, \quad k = 0, 1, \cdots, n-1,$$

且将 G_k 映射为 D：$0 < \arg z < 2\pi$. 故 $z = w^n$ 的反函数 $w = \sqrt[n]{z}$ 的各个分支 w_k 将 D 相应地映射为 G_k. 特别地,主支 $w_0 = \sqrt[n]{|z|} \mathrm{e}^{\mathrm{i}\frac{\arg z}{n}}$ 把 D：$0 < \arg z < 2\pi$ 映射为 G_0：$0 < \arg w < \frac{2\pi}{n}$. 一般地, w_0 把角形域 D^*：$0 < \arg z < \theta_0 < 2\pi$ 映射为角形域 G^*：$0 < \arg w < \frac{\theta_0}{n}$（图 2.1）

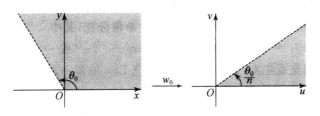

图 2.1

在实际问题中,往往需要由函数 $w = \sqrt[n]{z}$ 在某一点的一个初始值（简称初值）确定出其所在分支,再求这一分支上另一点的函数值.

例 2.9 设函数 $w = \sqrt[3]{z}$ 定义在从原点起沿正实轴割开的 z 平面内,求当 $z_0 = -\mathrm{i}$ 时取值为 i 的这一分支在点 $z = 1 + \mathrm{i}$ 的值.

解 由

$$w = \sqrt[3]{z} = \sqrt[3]{|z|} \mathrm{e}^{\mathrm{i}\frac{\arg z + 2k\pi}{3}} \quad (0 < \arg z < 2\pi; \ k = 0, 1, 2).$$

$$w(-\mathrm{i}) = \sqrt[3]{|-\mathrm{i}|} \mathrm{e}^{\mathrm{i}\frac{\frac{3}{2}\pi + 2k\pi}{3}} = \mathrm{i},$$

可求出 $k = 0$,故

$$w_0 = \sqrt[3]{|z|} \mathrm{e}^{\mathrm{i}\frac{\arg z}{3}}.$$

又因为 $|1+i|=\sqrt{2}$，$\arg(1+i)=\dfrac{\pi}{4}$，所以所求的值为

$$w_0(1+i)=\sqrt[3]{|1+i|}\,\mathrm{e}^{\mathrm{i}\pi/4} = \sqrt[6]{2}\,\mathrm{e}^{\mathrm{i}\frac{\pi}{12}}.$$

二、对数函数

定义 2.10 设 $z\neq0$，满足方程 $\mathrm{e}^w=z$ 的 w 称为 z 的**对数函数**，记做 $w=\mathrm{Ln}z$.

设 $w=u+\mathrm{i}v,z=r\mathrm{e}^{\mathrm{i}\theta}$，由 $\mathrm{e}^w=z$，即 $\mathrm{e}^{u+\mathrm{i}v}=r\mathrm{e}^{\mathrm{i}\theta}$，有

$$\mathrm{e}^u=r,\quad v=\theta+2k\pi,$$

故 $u=\ln r=\ln|z|,v=\theta+2k\pi=\mathrm{Arg}z=\arg z+2k\pi$. 于是有

$$w=\mathrm{Ln}z=\ln|z|+\mathrm{iArg}z=\ln|z|+\mathrm{i}(\arg z+2k\pi),\quad k=0,\pm1,\cdots.$$

可见，$w=\mathrm{Ln}z$ 是定义在 $\mathbf{C}-\{0\}$ 上的无穷多值函数，其多值性也是由辐角 $\mathrm{Arg}z=\arg z+2k\pi$ 的多值性引起的.

1. 对数函数的单值分支

与根式函数一样，如果限制主辐角，令 $0\leqslant\arg z<2\pi$（或 $-\pi<\arg z\leqslant\pi$），则对于一个固定的 k（$k=0,\pm1,\cdots$），所对应的函数

$$w_k=(\mathrm{Ln}z)_k=\ln|z|+\mathrm{iArg}z=\ln|z|+\mathrm{i}(\arg z+2k\pi)$$

是 $\mathbf{C}-\{0\}$ 上的单值函数，称其为 $w=\mathrm{Ln}z$ 的一个**单值分支**，其中

$$w_0=(\mathrm{Ln}z)_0=\ln|z|+\mathrm{i}\arg z\quad(0\leqslant\arg z<2\pi\text{（或}-\pi<\arg z\leqslant\pi))$$

称为 $w=\mathrm{Ln}z$ 的**主值支或主支**，记做 $\ln z$. 有时也把 $\mathrm{Ln}z$ 的某一单值分支记为 $\ln z$.

例 2.10 求下列复对数值：

(1) $\mathrm{Ln}a$ $(a>0)$;　　　　　　　　(2) $\mathrm{Ln}a$ $(a<0)$.

解 (1) 因 $a>0$，$|a|=a$，$\arg a=0$，故

$$\mathrm{Ln}a=\ln a+2k\pi\mathrm{i},\quad k=0,\pm1,\cdots.$$

特别地，有

$$\mathrm{Ln}1=\ln1+2k\pi\mathrm{i}=2k\pi\mathrm{i},\quad k=0,\pm1,\cdots.$$

(2) 因 $a<0$，$|a|=-a$，$\arg a=\pi$，故

$$\mathrm{Ln}a=\ln(-a)+(2k+1)\pi\mathrm{i},\quad k=0,\pm1,\cdots.$$

特别地，有

$$\mathrm{Ln}(-1)=\ln1+(2k+1)\pi\mathrm{i}=(2k+1)\pi\mathrm{i},\quad k=0,\pm1,\cdots.$$

由此例可见，在实数域上"负数无对数"的说法在复数域内不再成立，且正、负实数的对数均是无穷多值的.

根据指数函数的加法定理和对数恒等式，可推导出形式与实数域中相同的运算性质：

$$\text{Ln}(z_1 z_2) = \text{Ln}z_1 + \text{Ln}z_2,$$

$$\text{Ln}\,\frac{z_1}{z_2} = \text{Ln}z_1 - \text{Ln}z_2 \qquad (z_1, z_2 \neq 0, \infty).$$

其证明与实数域中相应性质的证明类似,故略去.

2. 单值分支的解析性

同根式函数 $w = \sqrt[n]{z}$ 的讨论一样,我们把 z 平面从原点起沿着正实轴割开得到一个区域 D:$0 < \arg z < 2\pi$. 在区域 D 内,单值分支

$$w_k = (\text{Ln}z)_k = \ln|z| + i\text{Arg}z = \ln|z| + i(\arg z + 2k\pi) \quad (0 < \arg z < 2\pi; \ k = 0, \pm 1, \cdots)$$

在区域 D 内连续,并且可证 w_k 在 D 内解析,且有

$$\frac{\mathrm{d}w_k}{\mathrm{d}z} = \frac{r}{z}\left(\frac{\partial u}{\partial r} + i\,\frac{\partial v}{\partial r}\right) = \frac{1}{z}.$$

3. 映射性质

我们已知指数函数 $z = e^w$ 的一组单叶性区域是

$$G_k: 2k\pi < \text{Im}w < 2(k+1)\pi, \quad k = 0, \pm 1, \cdots,$$

且它将 G_k 映射为 D:$0 < \arg z < 2\pi$. 反之,$z = e^w$ 的反函数 $w = \text{Ln}z$ 的各个分支 w_k 将 D 相应地映射为 G_k. 特别地,主支 $w_0 = \ln z = \ln|z| + i\arg z$ 把角形域 D:$0 < \arg z < 2\pi$ 映射为带形域 G_0:$0 < \text{Im}w < 2\pi$(图 2.2). 一般地,主支 w_0 把角形域 D^*:$0 < \arg z < h < 2\pi$ 映射为带形域 G^*:$0 < \text{Im}w < h$.

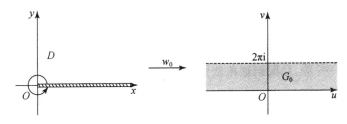

图 2.2

三、一般幂函数与一般指数函数

定义 2.11 设 $z \neq 0$,α 是复常数,称 $w = z^\alpha = e^{\alpha \text{Ln}z}$ 为 z 的**一般幂函数**.

此定义是由实数域中对数恒等式推广而来. 由定义有

$$w = z^\alpha = e^{\alpha \text{Ln}z} = e^{\alpha[\ln|z| + i(\arg z + 2k\pi)]} = e^{\alpha(\ln|z| + i\arg z)} \cdot e^{\alpha 2k\pi i} = w_0 e^{\alpha 2k\pi i}, \quad k \in \mathbf{Z},$$

其中 $w_0 = e^{\alpha \ln z}$. 显然 z^α 的多值性是由 $\text{Arg}z$ 引起的.

当 $\alpha = n \in \mathbf{Z}$ 时,$k\alpha \in \mathbf{Z}$,$e^{\alpha 2k\pi i} = e^{2(k\alpha)\pi i} = 1$,此时 $w = z^\alpha$ 为单值函数;

当 $\alpha=\dfrac{q}{p}\in\mathbf{Q}$ 时, $\mathrm{e}^{\alpha 2k\pi\mathrm{i}}=\mathrm{e}^{2k\pi\mathrm{i}\cdot\frac{q}{p}}\ (k=0,1,\cdots,p-1)$, 此时 $w=z^{\alpha}$ 为 p 值函数;

当 α 为无理数或虚数时, $\mathrm{e}^{\alpha 2k\pi\mathrm{i}}$ 的所有值各不相同, 此时 $w=z^{\alpha}$ 为无穷多值函数.

定义 2.12　设 $\alpha\neq 0$ 为复常数, 称 $w=\alpha^{z}=\mathrm{e}^{z\mathrm{Ln}\alpha}$ 为**一般指数函数**.

由定义有

$$w=\alpha^{z}=\mathrm{e}^{z\mathrm{Ln}\alpha}=\mathrm{e}^{z[\ln|\alpha|+\mathrm{i}(\arg\alpha+2k\pi)]},$$

它是无穷多个独立的单值解析函数. 特别地, 当 $\alpha=\mathrm{e}$, $\mathrm{Ln}\,\mathrm{e}$ 取主值时, 得到的就是指数函数 e^{z}.

一般幂函数与一般指数函数都可看做复合函数来进行计算和研究.

例 2.11　求 i^{i}.

解　$\mathrm{i}^{\mathrm{i}}=\mathrm{e}^{\mathrm{i}\mathrm{Ln}\mathrm{i}}=\mathrm{e}^{\mathrm{i}\left(\frac{\pi}{2}\mathrm{i}+2k\pi\mathrm{i}\right)}=\mathrm{e}^{-\frac{\pi}{2}-2k\pi}\ (k=0,\pm 1,\cdots)$.

例 2.12　求 $2^{1+\mathrm{i}}$.

解　$2^{1+\mathrm{i}}=\mathrm{e}^{(1+\mathrm{i})\mathrm{Ln}2}=\mathrm{e}^{(1+\mathrm{i})(\ln 2+2k\pi\mathrm{i})}=\mathrm{e}^{(\ln 2-2k\pi)+\mathrm{i}(\ln 2+2k\pi)}$

$\qquad\quad=\mathrm{e}^{(\ln 2-2k\pi)}(\cos\ln 2+\mathrm{i}\sin\ln 2)\ (k=0,\pm 1,\cdots)$.

§4　一般初等多值函数

上一节我们对于一些简单的多值函数用限制主辐角的方法(即规定 $0<\arg z<2\pi$ 或 $-\pi<\arg z<\pi$)讨论了它们的单值分支问题及一些性质. 这种方法简捷, 但有局限性. 有时实际问题要求可单值分支区域比较复杂, 或遇到较一般的多值函数, 如 $w=\mathrm{Ln}\dfrac{\mathrm{i}-z}{\mathrm{i}+z}$,

$w=\sqrt[3]{\dfrac{(z-1)^{2}(z+2)}{z}}$ 等, 用限制辐角法研究其单值解析分支问题就很困难. 因此这一节我们针对一般初等多值函数, 利用函数改变量的连续变化方法——连续变化法, 来研究其单值分支问题.

一、基本理论

函数改变量的概念是这一节研究多值函数单值分支问题的基础, 为此先引入它的定义.

定义 2.13　设 $F(z)$ 是定义在区域 D 内的初等多值函数, L 为区域 D 内的一条有向简单曲线, z_0 和 z_1 分别为它的起点和终点, $f(z_0)$ 是 $F(z)$ 在点 z_0 的一个确定的值(初值). 若让 z 从 z_0 开始沿 L 连续变化到 z_1, $F(z)$ 也由 $f(z_0)$ 开始连续变化为唯一确定的值 $f(z_1)$ (终值), 则称 $f(z_1)-f(z_0)$ 为 $F(z)$ 沿 L 的**改变量**, 记为 $\Delta_L F(z)$, 即

$$\Delta_L F(z)=f(z_1)-f(z_0). \tag{2.8}$$

显然,$\Delta_L F(z)$ 除依赖于初值 $f(z_0)$ 外,一般还依赖于曲线 L.

由定义容易证明函数改变量具有如下**性质**:

(1) $\Delta_L F(z) = -\Delta_{L^-} F(z)$,其中 L^- 表示曲线 L 取反向;

(2) 设有向曲线 L 可分为两条有向曲线 L_1, L_2,其中 L_1 的终点与 L_2 的起点重合(这时记为 $L = L_1 + L_2$),则

$$\Delta_L F(z) = \Delta_{L_1} F(z) + \Delta_{L_2} F(z); \tag{2.9}$$

(3) $\Delta_L [F(z) + G(z)] = \Delta_L F(z) + \Delta_L G(z)$.

定义 2.14 设 $F(z)$ 是定义在区域 D 内的初等多值函数,z_0, z_1 是 D 内任意两点. 若对于 D 内任意连接 z_0, z_1 的两条有向简单曲线 L_1, L_2,都有 $\Delta_{L_1} F(z) = \Delta_{L_2} F(z)$,则称 $F(z)$ **在 D 内可单值分支**,其中区域 D 称为其**可单值分支区域**.

如果 $F(z)$ 在 D 内可单值分支,任意取定 $z_0 \in D$,让 $z_1 = z$ 在 D 内任意变动,则由 (2.8) 式有

$$f(z) = \Delta_L F(z) + f(z_0), \tag{2.10}$$

它是 z 的单值函数,其中 L 是 D 内任意连接 z_0, z_1 的一条有向简单曲线. 由 (2.10) 式给出的**函数 $f(z)$ 称为 $F(z)$ 的由初值 $f(z_0)$ 确定的单值分支**.

根据定义容易证明,$F(z)$ 在 D 内可单值分支的充分必要条件是: 对于 D 内任意简单闭曲线 L,都有 $\Delta_L F(z) = 0$.

具体如何确定多值函数的可单值分支区域呢? 为了回答这一问题,先给出正常点和支点这两个基本概念.

定义 2.15 设 $F(z)$ 是区域 D 内的多值函数,$z_0 \in D$. 如果存在 z_0 的一个邻域 $U_r(\subset D)$: $|z - z_0| < r$,使得 $F(z)$ 在 U_r 内可单值分支,则称 z_0 为 $F(z)$ 的一个**正常点**. 如果存在去心邻域 $U_r(z_0) - \{z_0\} \subset D$,使其内点都是正常点,且在其内部存在一条围绕 z_0 的简单闭曲线 L,使得 $\Delta_L F(z) \neq 0$,则称 z_0 为 $F(z)$ 的**支点**. 对于无穷远点 ∞,如果存在去心邻域 $N_{\frac{1}{R}}(\infty) - \{\infty\}$: $R < |z| < +\infty$,使其内点都是正常点,且存在一条包含 $|z| \leqslant R$ 在其内部的简单封闭曲线 L,使得 $\Delta_L F(z) \neq 0$,则称 ∞ 为 $F(z)$ 的**支点**.

结合定义 2.14 和定义 2.15,若 D 是多值函数 $F(z)$ 的可单值分支区域,要求 D 内不能出现使 $\Delta_L F(z) \neq 0$ 的简单闭曲线 L,因此我们只要用简单曲线 l 连接 $F(z)$ 的所有支点(或支点的聚点),再用 l 割开 $F(z)$ 的定义域(一般情况割开 z 平面即可),就得到 $F(z)$ 的可单值分支区域. 这时简单曲线 l 称为 $F(z)$ 的**支割线**. 一般都要求确定初等函数 $F(z)$ 的最大的可单值分支区域.

二、辐角函数

前面我们看到基本初等多值函数(如 $\sqrt[n]{z}$ 和 $\mathrm{Ln}z$)的多值性是由 $\mathrm{Arg}z$ 的多值性引起的,

而一般多值函数(如 $\sqrt[n]{f(z)}$ 和 $\mathrm{Ln}f(z)$)的多值性是由 $\mathrm{Arg}f(z)$ 的多值性引起的,因此有必要对这种辐角函数深入研究.首先讨论最基本的辐角函数

$$w = \theta(z) = \mathrm{Arg}(z-a) = \arg(z-a) + 2k\pi, \quad k = 0, \pm 1, \cdots,$$

其中 a 是复常数.显然它的定义域 $\mathbf{C} - \{a\}$.

设 L 是一条不过点 a 的有向简单曲线,起点为 z_0,终点为 z_1.取 $\mathrm{Arg}(z-a)$ 在点 z_0 某一确定的值 $\theta_0 = \arg(z_0-a)$(初值).让 z 从 z_0 起沿 L 连续变化到 z_1,$\mathrm{Arg}(z-a)$ 在点 z_1 取得值 $\theta_1 = \arg(z_1-a)$(终值),于是 $\theta_1 - \theta_0 = \arg(z_1-a) - \arg(z_0-a)$ 为 $\mathrm{Arg}(z-a)$ 沿 L 的改变量,即 $\Delta_L \mathrm{Arg}(z-a) = \theta_0 - \theta_1$.

几何上来看,$\Delta_L \mathrm{Arg}(z-a)$ 就是向量 $\overrightarrow{az_0}$ 沿 L 连续变化到 $\overrightarrow{az_1}$ 所扫过的角度,且对于点 a 来说,逆时针改变量取为正,顺时针改变量取为负.

显然 $\Delta_L \mathrm{Arg}(z-a)$ 满足性质(2.9).特别地,若 L 是有向简单闭曲线,则

$$\Delta_L \mathrm{Arg}(z-a) = \begin{cases} 0, & a \text{ 在 } L \text{ 外部,} \\ \pm 2\pi, & a \text{ 在 } L \text{ 内部.} \end{cases} \tag{2.11}$$

根据定义 2.15 和性质(2.11),分别考查点 a 以外的有限点、点 a 及无穷远点 ∞ 可以得出 $\mathrm{Arg}(z-a)$ 的支点为 a,∞.用一条简单无界曲线 l 连接 a,∞,再沿 l 割开 z 平面得区域 D,则 D 为 $\mathrm{Arg}(z-a)$ 的可单值分支区域,且可以证明它的每一个单值分支在区域 D 内都是解析的(利用习题二第 7 题),称其为单值解析分支.

设 D 是 $\mathrm{Arg}(z-a)$ 的可单值分支区域,$z_0 \in D$,给定 $\mathrm{Arg}(z-a)$ 在起点 z_0 的初值 $\theta_0 = \arg(z_0-a)$.任取终点 $z \in D$,则有改变量

$$\Delta_L \mathrm{Arg}(z-a) = \arg(z-a) - \arg(z_0-a),$$

其中 L 是 D 内任一条连接 z_0,z 的有向简单曲线.于是

$$\theta_*(z) = \arg(z-a) = \Delta_L \mathrm{Arg}(z-a) + \theta_0$$

为函数 $\mathrm{Arg}(z-a)$ 由初值 θ_0 确定的单值分支.

例 2.13 试确定 $\theta(z) = \mathrm{Arg}(z-\mathrm{i})$ 的两个可单值分支区域,并分别求出满足 $\theta(1+\mathrm{i}) = 2\pi$ 的相应分支在点 $z = 0$ 的值.

解 $\mathrm{Arg}(z-\mathrm{i})$ 的支点是 i,∞.

如图 2.3 所示,取支割线 l_1:$\arg(z-\mathrm{i}) = \pi/2$ 割开 z 平面得可单值分支区域 D_1.在 D_1 内以 $z_0 = 1+\mathrm{i}$ 为起点,$z \in D_1$ 为终点作有向简单曲线 L_1,于是得到 $\mathrm{Arg}(z-\mathrm{i})$ 的由初值 θ_0 确定的单值分支

$$\theta_*(z) = \arg(z-\mathrm{i}) = \Delta_{L_1} \mathrm{Arg}(z-\mathrm{i}) + \theta_0.$$

由于初值为 $\theta_0 = \theta(1+\mathrm{i}) = 2\pi$,而当终点 $z = 0$ 时有 $\Delta_{L_1} \mathrm{Arg}(z-\mathrm{i}) = -\pi/2$,所以所求的值为

$$\theta_*(0) = -\pi/2 + 2\pi = 3\pi/2.$$

如图 2.4 所示,取支割线 l_2:$\arg(z-\mathrm{i}) = -\pi/4$ 割开 z 平面得可单值分支区域 D_2.在

D_2 内以 $z_0=1+\mathrm{i}$ 为起点, $z\in D_2$ 为终点作有向简单曲线 L_2, 于是得到 $\mathrm{Arg}(z-\mathrm{i})$ 的由初值 θ_0 确定的单值分支

$$\theta_*(z)=\arg(z-\mathrm{i})=\Delta_{L_2}\mathrm{Arg}(z-\mathrm{i})+\theta_0.$$

由于初值为 $\theta_0=\theta(1+\mathrm{i})=2\pi$, 而当终点 $z=0$ 时有 $\Delta_{L_2}\mathrm{Arg}(z-\mathrm{i})=3\pi/2$, 所以所求的值为

$$\theta_*(0)=3\pi/2+2\pi=7\pi/2.$$

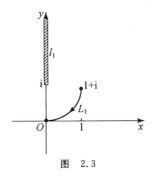

图　2.3

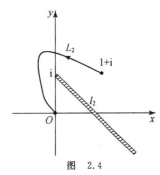

图　2.4

三、$\mathrm{Arg}R(z)$ 的可单值分支问题

有理函数 $R(z)$ 的一般形式为

$$R(z)=\frac{(z-a_1)^{n_1}\cdots(z-a_p)^{n_p}}{(z-b_1)^{m_1}\cdots(z-b_q)^{m_q}}, \tag{2.12}$$

其中 a_j,b_k 是互不相等的复常数, $n_j,m_k(j=1,2,\cdots,p;\ k=1,2,\cdots,q)$ 为正整数.

显然

$$w=\sqrt[n]{R(z)}=\sqrt[n]{|R(z)|}\,\mathrm{e}^{\mathrm{i}\frac{\mathrm{Arg}R(z)}{n}},$$

$$w=\mathrm{Ln}R(z)=\ln|R(z)|+\mathrm{i}\mathrm{Arg}R(z)$$

这两个多值函数的多值性是由 $\mathrm{Arg}R(z)$ 的多值性引起的, 因此先研究 $\mathrm{Arg}R(z)$ 的可单值分支问题.

定理 2.3　对于 (2.12) 式给出的有理函数 $R(z)$, $a_j,b_k(j=1,2,\cdots,p;\ k=1,2,\cdots,q)$ 是辐角函数 $\mathrm{Arg}R(z)$ 的支点; 无穷远点 ∞ 是 $\mathrm{Arg}R(z)$ 的支点的充分必要条件是:

$$\sum_{j=1}^{p}n_j-\sum_{k=1}^{q}m_k\neq 0;$$

除上述以外的其他有限点均为正常点.

　*证　(1) 证明除 $a_j,b_k(j=1,2,\cdots,p;k=1,2,\cdots,q)$ 以外的有限点均为正常点.

设 L 是 z 平面上任意一条不过 a_j,b_k 的有向简单闭曲线, 且其内部不含 a_j,b_k $(j=1,2,\cdots,p;k=1,2,\cdots,q)$.

由性质 (2.11) 有

$$\Delta_L \mathrm{Arg}(z-a_j)=0,\quad \Delta_L \mathrm{Arg}(z-b_k)=0 \quad (j=1,2,\cdots,p;k=1,2,\cdots,q),$$

又 $\mathrm{Arg}R(z)=\sum\limits_{j=1}^{p}n_j\mathrm{Arg}(z-a_j)-\sum\limits_{k=1}^{q}m_k\mathrm{Arg}(z-b_k)$，故

$$\Delta_L\mathrm{Arg}R(z)=\sum_{j=1}^{p}n_j\Delta_L\mathrm{Arg}(z-a_j)-\sum_{k=1}^{q}m_k\Delta_L\mathrm{Arg}(z-b_k)=0.$$

由 L 的任意性,除 a_j,b_k $(j=1,2,\cdots,p;k=1,2,\cdots,q)$ 以外的有限点均可找到一充分小的邻域,使得 $\mathrm{Arg}R(z)$ 在小邻域内部可单值分支,故除 $a_j,b_k(j=1,2,\cdots,p;k=1,2,\cdots,q)$ 以外的有限点均为正常点.

(2) 证明 $a_j,b_k(j=1,2,\cdots,p;k=1,2,\cdots,q)$ 都是支点.

对于 a_j,作 a_j 的一个去心邻域 $0<|z-a_j|<r_j$,让 r_j 充分小,使得 $a_1,\cdots,a_{j-1},a_{j+1},\cdots,$ a_p,b_k $(k=1,2,\cdots,q)$ 都在 $|z-a_j|=r_j$ 的外部.设 L_j 是去心邻域 $0<|z-a_j|<r_j$ 内部任一条围绕 a_j 的有向简单闭曲线,由性质(2.11)有

$$\Delta_{L_j}\mathrm{Arg}(z-a_l)=0 \ (l\neq j),\quad \Delta_{L_j}\mathrm{Arg}(z-b_k)=0,$$

故

$$\Delta_{L_j}\mathrm{Arg}R(z)=\sum_{j=1}^{p}n_j\Delta_{L_j}\mathrm{Arg}(z-a_j)-\sum_{k=1}^{q}m_k\Delta_{L_j}\mathrm{Arg}(z-b_k)=\pm n_j 2\pi\neq 0,$$

由定义 2.15 知,a_j 是 $\mathrm{Arg}R(z)$ 的支点.

同理可得 $a_1,\cdots,a_{j-1},a_{j+1},\cdots,a_p,b_k$ $(k=1,2,\cdots,q)$ 也都是 $\mathrm{Arg}R(z)$ 的支点.

(3) 讨论 ∞.

取 ∞ 的一个去心邻域 $N_{\frac{1}{R}}(\infty)-\{\infty\}$：$R<|z|<+\infty$,其中

$$R>\max\{|a_j|,|b_k| \ (j=1,2,\cdots,p;k=1,2,\cdots,q)\},$$

再任取包含 $|z|\leqslant R$ 在其内部的有向简单闭曲线 L.由性质(2.11)有

$$\Delta_L\mathrm{Arg}(z-a_j)=\pm 2\pi,\quad \Delta_L\mathrm{Arg}(z-b_k)=\pm 2\pi,$$

于是

$$\Delta_L\mathrm{Arg}R(z)=\sum_{j=1}^{p}n_j\Delta_L\mathrm{Arg}(z-a_j)-\sum_{k=1}^{q}m_k\Delta_L\mathrm{Arg}(z-b_k)$$

$$=\pm 2\pi\Big(\sum_{j=1}^{p}n_j-\sum_{k=1}^{q}m_k\Big).$$

因此 $\quad\quad\quad\quad \Delta_L\mathrm{Arg}R(z)\neq 0 \Longleftrightarrow \Big(\sum\limits_{j=1}^{p}n_j-\sum\limits_{k=1}^{q}m_k\Big)\neq 0,$

即 ∞ 是 $\mathrm{Arg}R(z)$ 的支点的充分必要条件是：

$$\sum_{j=1}^{p}n_j-\sum_{k=1}^{q}m_k\neq 0.$$

用简单曲线 l 适当地连接函数 $\mathrm{Arg}R(z)$ 的各支点,沿 l 割开 z 平面得到的区域 D 就是

$\text{Arg}R(z)$ 的可单值分支区域.

设 D 是 $\text{Arg}R(z)$ 的可单值分支区域,$z_0\in D$,初值 $\theta_0=\arg R(z_0)$. 对于任意 $z\in D$,在 D 内任意作一条连接 z_0,z 的有向简单曲线 L,则有 $\Delta_L\text{Arg}R(z)=\arg R(z)-\arg R(z_0)$. 故

$$f(z)=\arg R(z)=\Delta_L\text{Arg}R(z)+\theta_0 \tag{2.13}$$

是一个单值函数,称其为函数 $\text{Arg}R(z)$ 由初值 θ_0 确定的单值分支.

例 2.14 试确定函数 $\text{Arg}\dfrac{z(z-\mathrm{i})^2}{z-1}$ 的一个可单值分支区域,并求当 $z=-1$ 时初值为 $\dfrac{\pi}{2}$ 的相应单值分支在点 $z=1+\mathrm{i}$ 的值.

解 显然,$\text{Arg}\dfrac{z(z-\mathrm{i})^2}{z-1}$ 的支点为 $0,1,\mathrm{i},\infty$.

如图 2.5 所示,取支割线 l 割开 z 平面得可单值分支区域 D. 在 D 内以 $z_0=-1$ 为起点,$z\in D$ 为终点作有向简单曲线 L. 由(2.13)式得到 $\text{Arg}\dfrac{z(z-\mathrm{i})^2}{z-1}$ 的由初值 $\theta_0=\dfrac{\pi}{2}$ 确定的单值分支

$$f(z)=\arg\frac{z(z-\mathrm{i})^2}{z-1}=\Delta_L\text{Arg}\frac{z(z-\mathrm{i})^2}{z-1}+\frac{\pi}{2}$$
$$=\Delta_L\text{Arg}z+2\Delta_L\text{Arg}(z-\mathrm{i})-\Delta_L\text{Arg}(z-1)+\frac{\pi}{2}.$$

由于当终点 $z=1+\mathrm{i}$ 时,$\Delta_L\text{Arg}z=-\dfrac{3\pi}{4}$,$\Delta_L\text{Arg}(z-\mathrm{i})=-\dfrac{5\pi}{4}$,$\Delta_L\text{Arg}(z-1)=-\dfrac{\pi}{2}$,所以所求的值为

$$f(1+\mathrm{i})=-\frac{3\pi}{4}+2\left(-\frac{5\pi}{4}\right)-\left(-\frac{\pi}{2}\right)+\frac{\pi}{2}=-\frac{9\pi}{4}.$$

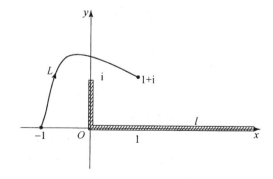

图 2.5

四、$\mathrm{Ln}R(z)$ 的可单值分支问题

由对数函数的定义有
$$\mathrm{Ln}R(z) = \ln|R(z)| + \mathrm{i}\mathrm{Arg}R(z).$$
设 L 是不过 $a_j, b_k (j=1,2,\cdots,p; k=1,2,\cdots,q)$ 的有向简单闭曲线,则有
$$\Delta_L \mathrm{Ln}R(z) = \Delta_L \ln|R(z)| + \mathrm{i}\Delta_L \mathrm{Arg}R(z).$$
因 $\ln|R(z)|$ 是单值的,故 $\Delta_L \ln|R(z)| = 0$. 于是有
$$\Delta_L \mathrm{Ln}R(z) = \mathrm{i}\Delta_L \mathrm{Arg}R(z),$$
从而
$$\Delta_L \mathrm{Ln}R(z) = 0 \Longleftrightarrow \Delta_L \mathrm{Arg}R(z) = 0$$
或
$$\Delta_L \mathrm{Ln}R(z) \neq 0 \Longleftrightarrow \Delta_L \mathrm{Arg}R(z) \neq 0.$$
因此有下面的定理.

定理 2.4　$\mathrm{Ln}R(z)$ 的支点与正常点和 $\mathrm{Arg}R(z)$ 相同.

由定理 2.4 知,$\mathrm{Ln}R(z)$ 的可单值分支区域就是 $\mathrm{Arg}R(z)$ 的可单值分支区域.

设 D 是 $\mathrm{Ln}R(z)$ 的可单值分支区域,$z_0 \in D$,又设 $\mathrm{Ln}R(z)$ 在起点 z_0 的初值为
$$f(z_0) = \ln R(z_0) = \ln|R(z_0)| + \mathrm{i}\varphi_0, \quad \varphi_0 = \arg R(z_0). \tag{2.14}$$
任意取终点 $z \in D$,在 D 内作连接 z_0, z 的有向简单曲线 L,则有
$$f(z) = \ln R(z) = \ln|R(z)| + \mathrm{i}\arg R(z),$$
其中 $\arg R(z) = \Delta_L \mathrm{Arg}R(z) + \varphi_0$. 故
$$f(z) = \ln R(z) = \ln|R(z)| + \mathrm{i}[\Delta_L \mathrm{Arg}R(z) + \varphi_0]. \tag{2.15}$$
它是 D 上的单值函数,称其为 $\mathrm{Ln}R(z)$ 的由初值 $f(z_0)$ 确定的单值分支.

例 2.15　求函数 $w = \mathrm{Ln}(1-z^2)$ 的一个可单值分支区域,并求当 $z=0$ 时取值为零的分支在点 $z=2$ 的值.

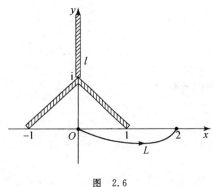

图　2.6

解　$w = \mathrm{Ln}(1-z^2)$ 的支点为 $\pm 1, \infty$.

如图 2.6 所示,取支割线 l 割开 z 平面得可单值分支区域 D. 在 D 内以 $z_0 = 0$ 为起点,$z \in D$ 为终点作有向简单曲线 L. 已知初值 $f(0) = 0$,又由(2.14)式有
$$f(0) = \ln|1-0^2| + \mathrm{i}\varphi_0,$$
从而求得 $\varphi_0 = 0$. 再由(2.14)式可得函数 $w = \mathrm{Ln}(1-z^2)$ 的由初值 $f(0)$ 确定的单值分支为
$$f(z) = \ln(1-z^2)$$
$$= \ln|1-z^2| + \mathrm{i}[\Delta_L \mathrm{Arg}(1-z^2) + \varphi_0].$$

而 $$\Delta_L \mathrm{Arg}(1-z^2) = \Delta_L \mathrm{Arg}(z-1) + \Delta_L \mathrm{Arg}(z+1),$$
且当终点 $z=2$ 时,$\Delta_L \mathrm{Arg}(z-1) = \pi$,$\Delta_L \mathrm{Arg}(z+1) = 0$,故所求的值为
$$f(2) = \ln|1-2^2| + \mathrm{i}(\pi + 0 + 0) = \ln 3 + \pi \mathrm{i}.$$

注 本例用到结论 $\Delta_L \mathrm{Arg}(a-z) = \Delta_L \mathrm{Arg}(-1) + \Delta_L \mathrm{Arg}(z-a) = \Delta_L \mathrm{Arg}(z-a)$.

五、$w = \sqrt[n]{R(z)}$ 的可单值分支问题

因为
$$w = \sqrt[n]{R(z)} = \sqrt[n]{|R(z)|}\, \mathrm{e}^{\mathrm{i}\frac{1}{n}\mathrm{Arg}R(z)},$$

而 $\sqrt[n]{|R(z)|}$ 是单值的,所以 $\sqrt[n]{R(z)}$ 的多值性是由 $\mathrm{Arg}R(z)$ 的多值性引起的. 我们不加证明地给出如下结论:

定理 2.5 设有理函数 $R(z)$ 由 (2.12) 式给出,则 a_j, b_k $(j=1,2,\cdots,p; k=1,2,\cdots,q)$ 为函数 $w = \sqrt[n]{R(z)}$ 的支点的充分必要条件是:$\dfrac{n_j}{n}, \dfrac{m_k}{n}$ $(j=1,2,\cdots,p;\ k=1,2,\cdots,q)$ 不是整数;无穷远点 ∞ 是它的支点的充分必要条件是:$\displaystyle\sum_{j=1}^{p} n_j - \sum_{k=1}^{q} m_k$ 不是 n 的整数倍;其他有限点和对应于 $\dfrac{n_j}{n}, \dfrac{m_k}{n}, \dfrac{1}{n}\Big(\displaystyle\sum_{j=1}^{p} n_j - \sum_{k=1}^{q} m_k\Big)$ 是整数时的点 a_j, b_k, ∞ 为正常点.

用简单曲线适当连接函数 $w = \sqrt[n]{R(z)}$ 的支点作出支割线来割开 z 平面可得到该函数的可单值分支区域.

设 D 是 $w = \sqrt[n]{R(z)}$ 的可单值分支区域,$z_0 \in D$,取 $w = \sqrt[n]{R(z)}$ 在点 z_0 的初值为
$$f(z_0) = \sqrt[n]{|R(z_0)|} \cdot \mathrm{e}^{\mathrm{i}\varphi_0}, \quad \text{其中} \quad \varphi_0 = \frac{\arg R(z_0)}{n} = \frac{\theta_0}{n}. \tag{2.16}$$

这时 $w = \sqrt[n]{R(z)}$ 的由初值 $f(z_0)$ 确定的单值分支为
$$f(z) = \left(\sqrt[n]{R(z)}\right)_* = \mathrm{e}^{\frac{1}{n}\ln R(z)} = \mathrm{e}^{\frac{1}{n}[\ln|R(z)| + \mathrm{i}(\Delta_L \mathrm{Arg}R(z) + \theta_0)]}$$
$$= \mathrm{e}^{\frac{1}{n}\ln|R(z)|} \cdot \mathrm{e}^{\frac{\mathrm{i}}{n}[\Delta_L \mathrm{Arg}R(z) + \theta_0]} = \mathrm{e}^{\frac{1}{n}\ln|R(z)|} \cdot \mathrm{e}^{\mathrm{i}\frac{\Delta_L \mathrm{Arg}R(z)}{n}} \mathrm{e}^{\mathrm{i}\frac{\theta_0}{n}},$$
即
$$f(z) = \sqrt[n]{|R(z)|} \cdot \mathrm{e}^{\mathrm{i}\frac{\Delta_L \mathrm{Arg}R(z)}{n}} \cdot \mathrm{e}^{\mathrm{i}\varphi_0}. \tag{2.17}$$

例 2.16 求函数 $w = \sqrt[3]{z(1-z)}$ 的一个可单值分支区域,并求当 $z=2$ 时取负值的相应分支在 $z=\mathrm{i}$ 点的值.

解 $w = \sqrt[3]{z(1-z)}$ 的支点为 $0, 1, \infty$.

如图 2.7 所示,取支割线 l 割开 z 平面得可单值分支区域 D,在 D 内以 $z=2$ 为起

点，$z \in D$ 为终点作有向简单曲线 L. 已知初值 $f(2) < 0$，又由(2.16)式知

$$f(2) = \sqrt[3]{|2(1-2)|} \cdot e^{i\varphi_0} < 0, \quad 得 \quad e^{i\varphi_0} < 0,$$

故 $e^{i\varphi_0} = -1$. 再由(2.17)式知 $w = \sqrt[3]{z(1-z)}$ 的由初值 $f(2)$ 确定的单值分支为

$$f(z) = \sqrt[3]{|z(1-z)|} \cdot e^{i\frac{\Delta_L \mathrm{Arg} z(1-z)}{3}} \cdot e^{i\varphi_0},$$

而 $\Delta_L \mathrm{Arg} z(1-z) = \Delta_L \mathrm{Arg} z + \Delta_L \mathrm{Arg}(z-1)$，并且当终点 $z = \mathrm{i}$ 时，$\Delta_L \mathrm{Arg} z = \pi/2$，$\Delta_L \mathrm{Arg}(z-1) = 3\pi/4$，故所求的值为

$$f(\mathrm{i}) = \sqrt[3]{|\mathrm{i}(1-\mathrm{i})|} \cdot e^{i\frac{\pi/2 + 3\pi/4}{3}} \cdot (-1) = -\sqrt[6]{2} e^{\frac{5\pi}{12}\mathrm{i}}.$$

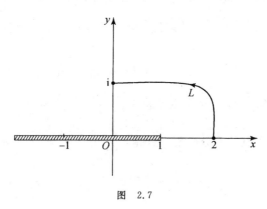

图　2.7

*六、反三角函数与反双曲函数

1. 反正弦函数与反余弦函数

满足等式 $\sin w = z$ 的 w 记为 $w = \mathrm{Arcsin} z$，称为**反正弦函数**.

因为

$$\sin w = z \Longleftrightarrow z = \frac{e^{\mathrm{i}w} - e^{-\mathrm{i}w}}{2\mathrm{i}} \Longleftrightarrow e^{2\mathrm{i}w} - 2\mathrm{i}z e^{\mathrm{i}w} - 1 = 0,$$

所以反正弦函数的具体表达式为

$$w = \mathrm{Arcsin} z = \frac{1}{\mathrm{i}} \mathrm{Ln}\left(\mathrm{i}z + \sqrt{1 - z^2}\right).$$

类似于反正弦函数，可以由等式 $\cos w = z$ 定义**反余弦函数**

$$w = \mathrm{Arccos} z,$$

且同理可知其有如下表达式：

$$w = \mathrm{Arccos} z = \frac{1}{\mathrm{i}} \mathrm{Ln}\left(z + \mathrm{i}\sqrt{1 - z^2}\right).$$

2. 反正切函数与反余切函数

满足等式 $\tan w = z$ 的 w 记为 $w = \mathrm{Arctan}z$,称为**反正切函数**.

由于

$$\tan w = z \Longleftrightarrow \frac{\mathrm{e}^{\mathrm{i}w} - \mathrm{e}^{-\mathrm{i}w}}{\mathrm{i}(\mathrm{e}^{\mathrm{i}w} + \mathrm{e}^{-\mathrm{i}w})} = z \Longleftrightarrow \mathrm{e}^{2\mathrm{i}w} = \frac{1 + \mathrm{i}z}{1 - \mathrm{i}z},$$

所以反正切函数有以下的表达式:

$$w = \mathrm{Arctan}z = \frac{1}{2\mathrm{i}}\mathrm{Ln}\frac{1 + \mathrm{i}z}{1 - \mathrm{i}z} = \frac{1}{2\mathrm{i}}\mathrm{Ln}\frac{\mathrm{i} - z}{\mathrm{i} + z}.$$

它的支点为 $\pm\mathrm{i}$,其他有限点及 ∞ 均为正常点.

类似于反正切函数,可以由等式 $\cot w = z$ 定义**反余切函数**

$$w = \mathrm{Arccot}z,$$

且同理可知其有如下表达式:

$$w = \mathrm{Arccot}z = \frac{1}{2\mathrm{i}}\mathrm{Ln}\frac{\mathrm{i} + z}{\mathrm{i} - z}.$$

3. 反双曲函数

类似地,由等式 $\sinh w = z, \cosh w = z, \tanh w = z, \coth w = z$ 可分别定义**反双曲函数** $\mathrm{Arcsinh}z, \mathrm{Arccosh}z, \mathrm{Arctanh}z, \mathrm{Arccoth}z$,且容易得到它们分别有以下表达式:

$$w = \mathrm{Arcsinh}z = \mathrm{Ln}(z + \sqrt{z^2 + 1}),$$

$$w = \mathrm{Arccosh}z = \mathrm{Ln}(z + \sqrt{z^2 - 1}),$$

$$w = \mathrm{Arctanh}z = \frac{1}{2}\mathrm{Ln}\frac{1 + z}{1 - z},$$

$$w = \mathrm{Arccoth}z = \frac{1}{2}\mathrm{Ln}\frac{z + 1}{z - 1}.$$

习 题 二

1. 证明:设连续曲线 C:$z = z(t)$ $(\alpha \leqslant t \leqslant \beta)$ 满足 $z'(t_0) \neq 0$ $(\alpha \leqslant t_0 \leqslant \beta)$,则曲线 C 在点 $z(t_0)$ 有切线.

2. (洛必达法则)证明:若函数 $f(z)$ 及 $g(z)$ 在点 z_0 解析,并且 $f(z_0) = g(z_0) = 0$, $g'(z_0) \neq 0$,则

$$\lim_{z \to z_0} \frac{f(z)}{g(z)} = \frac{f'(z_0)}{g'(z_0)}.$$

3. 设函数 $f(z)=\begin{cases} \dfrac{x^3-y^3+\mathrm{i}(x^3+y^3)}{x^2+y^2}, & z\neq 0, \\ 0, & z=0, \end{cases}$ 试证：$f(z)$ 在原点满足 C-R 方程，但却不可微.

4. 试证下列函数在 z 平面上任何点都不解析：

(1) $|z|$；　　　　(2) $x+y$；　　(3) $\mathrm{Re}z$；　　　　(4) $\dfrac{1}{\bar{z}}$.

5. 试判断下列函数的可微性和解析性：

(1) $f(z)=xy^2+\mathrm{i}x^2y$；　　　　(2) $f(z)=x^2+\mathrm{i}y^2$；

(3) $f(z)=2x^3+3\mathrm{i}y^3$；　　　　(4) $f(z)=x^3-3xy^2+\mathrm{i}(3x^2y-y^3)$.

6. 若函数 $f(z)$ 在区域 D 内解析，且满足下列条件之一，试证：$f(z)$ 在 D 内必为常数.

(1) 在 D 内 $f'(z)=0$；　　　　(2) $\overline{f(z)}$ 在 D 内解析；

(3) $|f(z)|$ 在 D 内为常数；　　(4) $\mathrm{Re}f(z)$ 或 $\mathrm{Im}f(z)$ 在 D 内为常数.

7. 设函数 $f(z)=u(r,\theta)+\mathrm{i}v(r,\theta)$，$z=r\mathrm{e}^{\mathrm{i}\theta}$. 若 $u(r,\theta),v(r,\theta)$ 在点 (r,θ) 是可微的，且满足极坐标的 C-R 方程：

$$\frac{\partial u}{\partial r}=\frac{1}{r}\cdot\frac{\partial v}{\partial\theta}, \quad \frac{\partial v}{\partial r}=-\frac{1}{r}\cdot\frac{\partial u}{\partial\theta} \quad (r>0),$$

证明：$f(z)$ 在点 z 是可微的，并且

$$f'(z)=(\cos\theta-\mathrm{i}\sin\theta)\left(\frac{\partial u}{\partial r}+\mathrm{i}\frac{\partial v}{\partial r}\right)=\frac{r}{z}\left(\frac{\partial u}{\partial r}+\mathrm{i}\frac{\partial v}{\partial r}\right).$$

注：这里要适当割开 z 平面（如沿负实轴割破），否则 $\theta(z)$ 就不是单值的.

8. 设 $z=x+\mathrm{i}y$，试求：

(1) $|\mathrm{e}^{\mathrm{i}-2z}|$；　　　　(2) $|\mathrm{e}^{z^2}|$；　　　　(3) $\mathrm{Re}(\mathrm{e}^{\frac{1}{z}})$.

9. 试证下列各式成立：

(1) $\overline{\mathrm{e}^z}=\mathrm{e}^{\bar{z}}$；　　　　(2) $\overline{\sin z}=\sin\bar{z}$；　　　　(3) $\overline{\cos z}=\cos\bar{z}$.

10. 试证：对任意的复数 z 及整数 m，有 $(\mathrm{e}^z)^m=\mathrm{e}^{mz}$.

11. 试求下列各式的值：

(1) $\mathrm{e}^{3+\mathrm{i}}$；　　　　　　(2) $\cos(1-\mathrm{i})$.

12. 证明：

(1) $\lim\limits_{z\to 0}\dfrac{\sin z}{z}=1$；　　(2) $\lim\limits_{z\to 0}\dfrac{\mathrm{e}^z-1}{z}=1$；　　(3) $\lim\limits_{z\to 0}\dfrac{z-z\cos z}{z-\sin z}=3$.

13. 设 $z=r\mathrm{e}^{\mathrm{i}\theta}$，试证：$\mathrm{Re}[\ln(z-1)]=\dfrac{1}{2}\ln(1+r^2-2r\cos\theta)$.

14. 试求 $(1+\mathrm{i})^{\mathrm{i}}$ 及 3^{i} 的值.

15. 设 $w=\sqrt[3]{z}$ 定义在从原点 $z=0$ 起沿正实轴割开的 z 平面上,并且 $w(\mathrm{i})=-\mathrm{i}$,试求 $w(-\mathrm{i})$ 的值.

16. 设 $w=\sqrt[3]{z}$ 定义在从原点 $z=0$ 起沿负实轴割开的 z 平面上,并且 $w(-2)=-\sqrt[3]{2}$ (这是边界上沿点对应的函数值),试求 $w(\mathrm{i})$ 的值.

17. 试证:在将 z 平面适当割开后,函数 $f(z)=\sqrt[3]{(1-z)z^2}$ 能分出三个单值解析分支. 求在点 $z=2$ 取负值的那个分支在点 $z=\mathrm{i}$ 的值.

18. 试证:函数 $f(z)=\sqrt[4]{(1-z)^3(1+z)}$ 在割去线段 $[-1,1]$ 的 z 平面上可以分出四个单值解析分支. 求在割线上沿取正值的那个分支在点 $z=\pm\mathrm{i}$ 的值.

19. 试证:函数 $f(z)=\sqrt{z(1-z)}$ 在割去线段 $0\leqslant \mathrm{Re}z\leqslant1$ 的 z 平面上能分出两个单值解析分支. 求在割线 $0\leqslant \mathrm{Re}z\leqslant1$ 上沿取正值的那一支在点 $z=-1$ 的值.

20. 求函数 $f(z)=\sqrt{(1-z)(1+z^2)}$ 的一个可单值分支区域,并求在 $z=0$ 时值为 1 的相应分支在点 $z=2$ 的值.

第 三 章
复变函数的积分

对于实变函数,微分法和积分法是研究函数性质的重要方法. 同样,积分法也和微分法一样是研究复变函数性质十分重要的方法和解决实际问题的有力工具.

在本章中,我们将先介绍复变函数积分的概念、性质和计算方法;再介绍关于解析函数积分的柯西积分定理及其推广,并建立柯西积分公式;然后利用这一重要公式证明"解析函数的导数仍然是解析函数"这一重要结论,从而得出高阶导数公式. 在此基础上,给出柯西不等式及刘维尔定理;最后讨论解析函数与调和函数的关系.

柯西积分定理和柯西积分公式是探讨解析函数性质的理论基础,在以后的章节中直接或间接地经常要用到它们,所以我们要透彻理解并熟练掌握它们.

§1 复变函数积分的概念及其基本性质

一、复变函数积分的定义及计算

本节我们将定义复变函数沿 z 平面上有向曲线的积分,并将其转化为实数域内的曲线积分进行计算.

我们只研究复变函数沿逐段光滑曲线上的积分,故今后提到的曲线,一律指光滑的或逐段光滑的,因而是可求长的.

定义 3.1 设有向曲线

$$C: z = z(t) \quad (t \in [\alpha, \beta] \text{或} [\beta, \alpha])$$

以 $a = z(\alpha)$ 为起点,$b = z(\beta)$ 为终点,函数 $f(z)$ 沿 C 有定义. 沿着 C 从 a 到 b 的方向在 C 上任取分点:$a = z_0, z_1, \cdots, z_{n-1}, z_n = b$,把曲线 C 分成若干个弧段(图 3.1). 在从 z_{k-1} 到 z_k 的每一弧段上任取一点 ζ_k $(k = 1, 2, \cdots, n)$.

作和式 $S_n = \sum_{k=1}^{n} f(\zeta_k) \Delta z_k$,其中 $\Delta z_k = z_k - z_{k-1}$. 当分点无限增多,而这

些弧段长度的最大值 λ 趋于零时,如果和式 S_n 的极限存在且等于 J,则称 J 为 $f(z)$ 沿 C
(从 a 到 b)的**积分**,记为 $\displaystyle\int_C f(z)\mathrm{d}z$,即

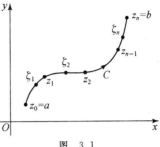

$$J = \int_C f(z)\mathrm{d}z = \lim_{\lambda\to0}\sum_{k=1}^n f(\zeta_k)\Delta z_k,$$

其中 $f(z)$ 称为**被积函数**,C 称为**积分路径**.这时也称 $f(z)$
沿 C(从 a 到 b)**可积**.

图 3.1

注 (1)定义 3.1 中的 J 与 C 的分法和 ζ_k 的取法
无关;

(2)J 不仅和 a,b 有关,还与积分路径 C 有关,故一般不能把 $\displaystyle\int_C f(z)\mathrm{d}z$ 写成 $\displaystyle\int_a^b f(z)\mathrm{d}z$.

显然,函数 $f(z)$ 沿有向曲线 C 可积的必要条件为 $f(z)$ 沿 C 有界.下面给出函数 $f(z)$
沿有向曲线 C 可积的充分条件.

定理 3.1 若函数 $f(z)=u(x,y)+iv(x,y)$ 沿有向曲线 C 连续,则 $f(z)$ 沿 C 可积,且

$$\int_C f(z)\mathrm{d}z = \int_C u\,\mathrm{d}x - v\,\mathrm{d}y + i\int_C v\,\mathrm{d}x + u\,\mathrm{d}y. \tag{3.1}$$

证 设 $z_k=x_k+iy_k$,$x_k-x_{k-1}=\Delta x_k$,$y_k-y_{k-1}=\Delta y_k$,$\zeta_k=\xi_k+i\eta_k$,$u(\xi_k,\eta_k)=u_k$,
$v(\xi_k,\eta_k)=v_k$,则

$$S_n = \sum_{k=1}^n f(\zeta_k)(z_k-z_{k-1}) = \sum_{k=1}^n (u_k+iv_k)(\Delta x_k+i\Delta y_k)$$

$$= \sum_{k=1}^n (u_k\Delta x_k - v_k\Delta y_k) + i\sum_{k=1}^n (u_k\Delta y_k + v_k\Delta x_k).$$

上式右端的两个和式是对应的两个曲线积分的积分和式.在定理的条件下,必有 $u(x,y)$ 及
$v(x,y)$ 沿 C 连续,于是这两个曲线积分都是存在的.因此,积分 $\displaystyle\int_C f(z)\mathrm{d}z$ 存在,且有公式
(3.1)成立.

注 公式(3.1)在形式上可看成函数 $f(z)=u+iv$ 与微分 $\mathrm{d}z=\mathrm{d}x+i\mathrm{d}y$ 相乘得到的.

公式(3.1)说明,复变函数积分的问题,可以化为其实、虚部两个二元实函数曲线积分的
计算问题.

例 3.1 令 C 表示连接起点 a 及终点 b 的任一有向曲线,试证:

(1)$\displaystyle\int_C \mathrm{d}z = b-a$;   (2)$\displaystyle\int_C z\,\mathrm{d}z = \frac{1}{2}(b^2-a^2)$.

证 (1)因 $f(z)=1$,$S_n = \displaystyle\sum_{k=1}^n (z_k-z_{k-1}) = b-a$,故

$$\lim_{\lambda\to0} S_n = b-a, \quad 即 \quad \int_C \mathrm{d}z = b-a.$$

（2）这里 $f(z)=z$，选取 $\zeta_k=z_{k-1}$，则有

$$\sum\nolimits_1 = \sum_{k=1}^n z_{k-1}(z_k - z_{k-1});$$

选取 $\zeta_k=z_k$，则有

$$\sum\nolimits_2 = \sum_{k=1}^n z_k(z_k - z_{k-1}).$$

由定理 3.1 可知，积分 $\displaystyle\int_C z\,\mathrm{d}z$ 存在，因而 $S_n = \displaystyle\sum_{k=1}^n f(\zeta_k)(z_k - z_{k-1})$ 的极限存在，且应与 $\sum\nolimits_1$ 及 $\sum\nolimits_2$ 的极限相等，从而应与 $\frac{1}{2}\left(\sum\nolimits_1 + \sum\nolimits_2\right)$ 的极限相等. 因为

$$\frac{1}{2}\left(\sum\nolimits_1 + \sum\nolimits_2\right) = \frac{1}{2}\sum_{k=1}^n (z_k^2 - z_{k-1}^2) = \frac{1}{2}(b^2 - a^2),$$

所以

$$\int_C z\,\mathrm{d}z = \frac{1}{2}(b^2 - a^2).$$

注　当 C 为闭曲线时，有

$$\int_C \mathrm{d}z = 0, \quad \int_C z\,\mathrm{d}z = 0.$$

设有光滑有向曲线

$$C: z=z(t)=x(t)+\mathrm{i}y(t) \quad (t\in[\alpha,\beta]\text{或}[\beta,\alpha]),$$

即 $z'(t)$ 在 $[\alpha,\beta]$ 或 $[\beta,\alpha]$ 上连续且有不为零的导数 $z'(t)=x'(t)+\mathrm{i}y'(t)$，又设函数 $f(z)$ 沿 C 连续. 令

$$f[z(t)] = u(x(t),y(t))+\mathrm{i}v(x(t),y(t)) = u(t)+\mathrm{i}v(t),$$

若 C 以 $z(\alpha)$ 为起点，以 $z(\beta)$ 为终点，则由公式（3.1）有

$$\begin{aligned}
\int_C f(z)\,\mathrm{d}z &= \int_C u\,\mathrm{d}x - v\,\mathrm{d}y + \mathrm{i}\int_C v\,\mathrm{d}x + u\,\mathrm{d}y \\
&= \int_\alpha^\beta [u(t)x'(t) - v(t)y'(t)]\,\mathrm{d}t + \mathrm{i}\int_\alpha^\beta [u(t)y'(t) + v(t)x'(t)]\,\mathrm{d}t \\
&= \int_\alpha^\beta [u(t)+\mathrm{i}v(t)][x'(t)+\mathrm{i}y'(t)]\,\mathrm{d}t,
\end{aligned}$$

即

$$\int_C f(z)\,\mathrm{d}z = \int_\alpha^\beta f[z(t)]z'(t)\,\mathrm{d}t, \tag{3.2}$$

或

$$\int_C f(z)\,\mathrm{d}z = \int_\alpha^\beta \operatorname{Re}\{f[z(t)]z'(t)\}\,\mathrm{d}t + \mathrm{i}\int_\alpha^\beta \operatorname{Im}\{f[z(t)]z'(t)\}\,\mathrm{d}t. \tag{3.3}$$

用公式(3.2)或(3.3)计算复变函数的积分,是从积分路径的参数方程着手的,称为**参数方程法**.公式(3.2)或(3.3)也称为**复变函数积分的变量代换公式**.

例 3.2 证明: $\int_C \dfrac{\mathrm{d}z}{(z-a)^n} = \begin{cases} 2\pi\mathrm{i}, & n=1, \\ 0, & n\neq 1, n\in \mathbf{Z}, \end{cases}$ 这里 C 表示以 a 为心,ρ 为半径的圆周,取逆时针方向.

证 C 的参数方程为 $z-a=\rho\mathrm{e}^{\mathrm{i}\theta}$ $(0\leqslant\theta\leqslant 2\pi)$,故有

当 $n=1$ 时,$\displaystyle\int_C \frac{\mathrm{d}z}{z-a} = \int_0^{2\pi} \frac{\mathrm{i}\rho\mathrm{e}^{\mathrm{i}\theta}\mathrm{d}\theta}{\rho\mathrm{e}^{\mathrm{i}\theta}} = \mathrm{i}\int_0^{2\pi}\mathrm{d}\theta = 2\pi\mathrm{i};$

当 $n\neq 1$ 时,

$$\int_C \frac{\mathrm{d}z}{(z-a)^n} = \int_0^{2\pi} \frac{\mathrm{i}\rho\mathrm{e}^{\mathrm{i}\theta}\mathrm{d}\theta}{\rho^n\mathrm{e}^{\mathrm{i}n\theta}} = \frac{\mathrm{i}}{\rho^{n-1}}\int_0^{2\pi}\mathrm{e}^{-\mathrm{i}(n-1)\theta}\mathrm{d}\theta$$
$$= \frac{\mathrm{i}}{\rho^{n-1}}\left[\int_0^{2\pi}\cos(n-1)\theta\mathrm{d}\theta - \mathrm{i}\int_0^{2\pi}\sin(n-1)\theta\mathrm{d}\theta\right]$$
$$= 0.$$

二、复变函数积分的基本性质

设函数 $f(z), g(z)$ 沿有向曲线 C 连续,由复变函数积分的定义容易证明下列**性质**成立:

(1) $\displaystyle\int_C af(z)\mathrm{d}z = a\int_C f(z)\mathrm{d}z$,其中 a 是复常数;

(2) $\displaystyle\int_C [f(z)+g(z)]\mathrm{d}z = \int_C f(z)\mathrm{d}z + \int_C g(z)\mathrm{d}z$;

(3) 如果有向曲线 C 是由 $C_1, C_2, \cdots, C_n$ 等有限条光滑有向曲线依次首尾相接而成的逐段光滑曲线(记为 $C = C_1 + C_2 + \cdots + C_n$),则

$$\int_C f(z)\mathrm{d}z = \int_{C_1} f(z)\mathrm{d}z + \int_{C_2} f(z)\mathrm{d}z + \cdots + \int_{C_n} f(z)\mathrm{d}z;$$

(4) $\displaystyle\int_{C^-} f(z)\mathrm{d}z = -\int_C f(z)\mathrm{d}z$;

(5) $\left|\displaystyle\int_C f(z)\mathrm{d}z\right| \leqslant \int_C |f(z)||\mathrm{d}z| = \int_C |f(z)|\mathrm{d}s$,这里 $|\mathrm{d}z|$ 表示弧长的微分,即

$$|\mathrm{d}z| = \sqrt{(\mathrm{d}x)^2+(\mathrm{d}y)^2} = \mathrm{d}s.$$

定理 3.2(积分估值定理) 若函数 $f(z)$ 沿有向曲线 C 连续,且存在正数 M,使得 $|f(z)|\leqslant M$,则

$$\left|\int_C f(z)\mathrm{d}z\right| \leqslant ML \quad (\text{其中 } L \text{ 为 } C \text{ 的长度}).$$

证 由不等式 $\left| \sum_{k=1}^{n} f(\zeta_k) \Delta z_k \right| \leqslant M \sum_{k=1}^{n} |\Delta z_k| \leqslant ML$ 两边取极限即得证.

例 3.3 试证：$\left| \int_C \frac{1}{z^2} dz \right| \leqslant 2$，其中积分路径 C 是连接由 i 到 $2+i$ 的有向直线段.

证 C 的参数方程为 $z = 2t + i$ $(0 \leqslant t \leqslant 1)$. $\frac{1}{z^2}$ 沿 C 连续，且

$$\left| \frac{1}{z^2} \right| = \frac{1}{|z^2|} = \frac{1}{|z|^2} = \frac{1}{4t^2 + 1} \leqslant 1,$$

而 C 的长度为 2，故由定理 3.2 有

$$\left| \int_C \frac{1}{z^2} dz \right| \leqslant 2.$$

例 3.4 计算积分 $\int_C \bar{z} \, dz$ 的值，其中积分路径 C 如下：

(1) 连接由原点 O 到点 $1+i$ 的有向直线段（图 3.2(a)）；

(2) 连接由原点 O 到点 1 的直线段与连接由点 1 到点 $1+i$ 的直线段所组成的有向折线（图 3.2(b)）.

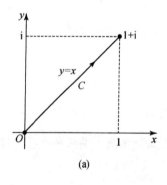
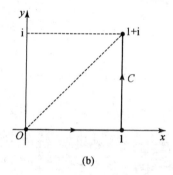

(a)   (b)

图   3.2

解 (1) 连接由原点 O 到点 $1+i$ 的直线段的参数方程为 $z = (1+i)t$ $(0 \leqslant t \leqslant 1)$，故

$$\int_C \bar{z} \, dz = \int_0^1 (1-i)t(1+i) dt = (1-i)(1+i) \int_0^1 t \, dt = t^2 \Big|_0^1 = 1.$$

(2) 连接由原点 O 到点 1 的直线段的参数方程为 $z = t$ $(0 \leqslant t \leqslant 1)$，连接由点 1 到点 $1+i$ 的直线段的参数方程为 $z = 1 + it$ $(0 \leqslant t \leqslant 1)$，所以

$$\int_C \bar{z} \, dz = \int_0^1 t \, dt + \int_0^1 (1-it)i \, dt = \frac{1}{2} + \int_0^1 (i+t) dt = \frac{1}{2} + \left(i + \frac{1}{2} \right) = 1 + i.$$

由此例可看出，积分路径不同时，积分结果可能不同.

§2　柯西积分定理

由上一节可知,当被积函数及积分路径的起点、终点固定时,复变函数积分的值往往还与积分路径有关.那么积分值在怎样条件下能与积分路径无关呢? 1825 年柯西得出了这一问题的答案,即柯西积分定理.它是研究解析函数理论的基础,又称为复变函数论的基本定理.

一、柯西积分定理

定理 3.3（单连通区域柯西积分定理）　设函数 $f(z)$ 是单连通区域 D 内的解析函数,C 为 D 内任一条周线[①],则

$$\int_C f(z)\mathrm{d}z = 0.$$

这个定理的证明是非常困难的.黎曼在 1851 年附加假设条件"$f'(z)$ 在 D 内连续"后,得到如下一个简单的证明:

令 $z = x + \mathrm{i}y, f(z) = u(x,y) + \mathrm{i}v(x,y)$,由公式(3.1)即有

$$\int_C f(z)\mathrm{d}z = \int_C u\mathrm{d}x - v\mathrm{d}y + \mathrm{i}\int_C v\mathrm{d}x + u\mathrm{d}y.$$

因 $f'(z)$ 在 D 内连续,故 u_x, u_y, v_x, v_y 在 D 内连续,并满足 C-R 方程 $u_x = v_y, u_y = -v_x$.再由格林公式有

$$\int_C u\mathrm{d}x - v\mathrm{d}y = 0, \quad \int_C v\mathrm{d}x + u\mathrm{d}y = 0,$$

故

$$\int_C f(z)\mathrm{d}z = 0.$$

在本书的第三章 §3 中我们证实了这个证明是充分的.

注　(1) 设函数 $f(z)$ 在单连通区域 D 内解析,C 为 D 内任一闭曲线(不必是简单的),则

$$\int_C f(z)\mathrm{d}z = 0.$$

事实上,因为 C 总可以看成区域 D 内有限多条周线衔接而成,再由复变函数积分的基本性质及柯西积分定理,即可得证.

(2) 设函数 $f(z)$ 在单连通区域 D 内解析,则 $f(z)$ 在 D 内积分与路径无关,即对 D 内任意两点 z_0 与 z_1,设 C_1 与 C_2 是 D 内连接起点 z_0 与终点 z_1 的任意两条有向曲线,有

$$\int_{C_1} f(z)\mathrm{d}z = \int_{C_2} f(z)\mathrm{d}z.$$

[①]　周线是指逐段光滑的简单闭曲线,也称围线.

通常把这一积分记为 $\int_{z_0}^{z_1} f(z)\mathrm{d}z$,它不依赖于 D 内连接起点 z_0 与终点 z_1 的曲线.

事实上,正方向曲线 C_1 与负方向曲线 C_2^- 就衔接成 D 内的一条闭曲线 C. 于是,由注(1)与复变函数积分的基本性质有

$$0 = \int_C f(z)\mathrm{d}z = \int_{C_1} f(z)\mathrm{d}z + \int_{C_2^-} f(z)\mathrm{d}z,$$

因而

$$\int_{C_1} f(z)\mathrm{d}z = \int_{C_2} f(z)\mathrm{d}z.$$

下面的定理与柯西积分定理是等价的.

定理 3.3′ 设 C 是一条周线,D 为 C 的内部,函数 $f(z)$ 在闭域 $\overline{D}=D+C$ 上解析,则

$$\int_C f(z)\mathrm{d}z = 0.$$

证 (1)由定理 3.3 推证定理 3.3′.

由定理 3.3′的假设,函数 $f(z)$ 必在 z 平面上一含 $\overline{D}$ 的单连通区域 G 内解析,于是由定理 3.3 就有 $\int_C f(z)\mathrm{d}z = 0$.

(2)由定理 3.3′推证定理 3.3.

由定理 3.3 的假设"函数 $f(z)$ 在单连通区域 D 内解析,C 为 D 内任一条周线",今设 G 为 C 的内部,则 $f(z)$ 必在闭域 $\overline{G}=G+C$ 上解析. 于是由定理 3.3′就有 $\int_C f(z)\mathrm{d}z = 0$.

定理 3.3′的条件可以减弱,得到下面推广的柯西积分定理.

定理 3.4 设 C 是一条周线,D 为 C 的内部,函数 $f(z)$ 在 D 内解析,在 $\overline{D}=D+C$ 上连续(也可以说"连续到 C"),则

$$\int_C f(z)\mathrm{d}z = 0.$$

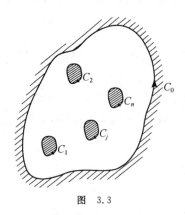

图 3.3

下面把柯西积分定理推广到复周线的情形.

定义 3.2 考虑 $n+1$ 条周线 $C_0,C_1,\cdots,C_n$,其中 $C_1,\cdots,$ C_n 中每一条都在其余各条的外部,而它们又全都在 C_0 的内部. 在 C_0 的内部同时又在 $C_1,C_2\cdots,C_n$ 外部的点集构成一个有界多连通区域 D,以 $C_0,C_1,\cdots,C_n$ 为它的边界. 在这种情况下,称区域 D 的边界

$$C=C_0+C_1^- +C_2^- +\cdots+C_n^-$$

为一条复周线,它包括取正方向的 C_0,以及取负方向的 C_1,$C_2\cdots,C_n$. 换句话说,假如观察者沿复周线 C 的正方向绕行

时,区域 D 的点总在它的左手边(图 3.3).

定理 3.5(多连通区域柯西积分定理)　设 D 是由复周线
$$C = C_0 + C_1^- + C_2^- + \cdots + C_n^-$$
所围成的有界 $n+1$ 连通区域,函数 $f(z)$ 在 D 内解析,在 $\overline{D} = D + C$ 上连续,则
$$\int_C f(z)\mathrm{d}z = 0,$$
即
$$\int_{C_0} f(z)\mathrm{d}z + \int_{C_1^-} f(z)\mathrm{d}z + \cdots + \int_{C_n^-} f(z)\mathrm{d}z = 0 \tag{3.4}$$
或
$$\int_{C_0} f(z)\mathrm{d}z = \int_{C_1} f(z)\mathrm{d}z + \cdots + \int_{C_n} f(z)\mathrm{d}z \tag{3.5}$$
(即沿外边界积分等于沿内边界积分之和).

证　取 $n+1$ 条互不相交且全在 D 内(端点除外)的光滑曲线弧 $L_0, L_1, L_2, \cdots, L_n$ 作为割线.将它们顺次地与 $C_0, C_1, C_2, \cdots, C_n$ 连接.设想将 D 沿割线割破,于是 D 就被分成两个单连通区域(图 3.4 是 $n=2$ 的情形),其边界各是一条周线,分别记为 Γ_1 和 Γ_2.而由定理 3.4,我们有
$$\int_{\Gamma_1} f(z)\mathrm{d}z = 0, \quad \int_{\Gamma_2} f(z)\mathrm{d}z = 0.$$
将这两个等式相加,并注意到沿着 $L_0, L_1, L_2, \cdots, L_n$ 的积分,各从相反的两个方向取了一次,在相加的过程中互相抵消,于是由复变函数积分的基本性质就得到
$$\int_C f(z)\mathrm{d}z = 0,$$
从而有(3.4)或(3.5)式成立.

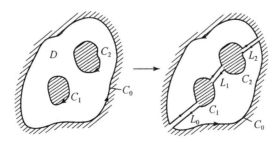

图　3.4

例 3.5　设 a 为周线 C 内部一点,证明:

$$\int_C \frac{\mathrm{d}z}{(z-a)^n} = \begin{cases} 2\pi\mathrm{i}, & n=1, \\ 0, & n\neq 1, n\in\mathbf{Z}. \end{cases}$$

证　以 a 为圆心作圆周 C'，使 C' 全含于 C 的内部，则由(3.5)式有

$$\int_C \frac{\mathrm{d}z}{(z-a)^n} = \int_{C'} \frac{\mathrm{d}z}{(z-a)^n},$$

再由例 3.2 即得要证明的结论.

例 3.6　计算积分 $\displaystyle\int_C \frac{2z-1}{z^2-z}\mathrm{d}z$ 的值，其中 C 为包含圆周 $|z|=1$ 在内的任何正向简单闭曲线.

解　函数 $\dfrac{2z-1}{z^2-z}$ 在复平面内除 $z=0$ 和 $z=1$ 两个奇点外是处处解析的. 由于 C 是包含圆周 $|z|=1$ 在内的任何正向简单闭曲线，因此它也包含这两个奇点.

在 C 内作两个互不包含也互不相交的正向圆周 C_1 与 C_2，使 C_1 只包含奇点 $z=0$，C_2 只包含奇点 $z=1$，那么根据定理 3.5 得

$$\begin{aligned}
\int_C \frac{2z-1}{z^2-z}\mathrm{d}z &= \int_{C_1} \frac{2z-1}{z^2-z}\mathrm{d}z + \int_{C_2} \frac{2z-1}{z^2-z}\mathrm{d}z \\
&= \int_{C_1} \frac{1}{z-1}\mathrm{d}z + \int_{C_1} \frac{1}{z}\mathrm{d}z + \int_{C_2} \frac{1}{z-1}\mathrm{d}z + \int_{C_2} \frac{1}{z}\mathrm{d}z \\
&= 0 + 2\pi\mathrm{i} + 2\pi\mathrm{i} + 0 = 4\pi\mathrm{i}.
\end{aligned}$$

二、不定积分

如果函数 $f(z)$ 在单连通区域 D 内解析，则沿 D 内任一有向曲线 L 的积分 $\displaystyle\int_L f(\zeta)\mathrm{d}\zeta$ 只与其起点和终点有关. 因此，当起点 z_0 固定时，这积分就在 D 内定义了一个变上限 z 的单值函数，我们把它记成变上限积分的形式：

$$F(z) = \int_{z_0}^{z} f(\zeta)\mathrm{d}\zeta. \tag{3.6}$$

定理 3.6　设函数 $f(z)$ 在单连通区域 D 内解析，则由(3.6)式定义的函数 $F(z)$ 在 D 内解析，且 $F'(z)=f(z)$ $(z\in D)$.

证　对任意 $z\in D$，以 z 为心作一个含于 D 内的小圆，在小圆内取动点 $z+\Delta z(\Delta z\neq 0)$. 考虑

$$\frac{F(z+\Delta z)-F(z)}{\Delta z} = \frac{1}{\Delta z}\left[\int_{z_0}^{z+\Delta z} f(\zeta)\mathrm{d}\zeta - \int_{z_0}^{z} f(\zeta)\mathrm{d}\zeta\right]$$

在 $\Delta z\to 0$ 时的极限. 由于积分与路径无关，$\displaystyle\int_{z_0}^{z+\Delta z} f(\zeta)\mathrm{d}\zeta$ 的积分路径可以考虑为由 z_0 到 z，再

从 z 沿直线段到 $z+\Delta z$，而由 z_0 到 z 的积分路径取得和 $\int_{z_0}^{z} f(\zeta)\mathrm{d}\zeta$ 的积分路径相同，于是有

$$\frac{F(z+\Delta z)-F(z)}{\Delta z}=\frac{1}{\Delta z}\int_{z}^{z+\Delta z} f(\zeta)\mathrm{d}\zeta.$$

注意到 $f(z)$ 是与积分变量 ζ 无关的定值，所以由例 3.1(1) 又有

$$\frac{1}{\Delta z}\int_{z}^{z+\Delta z} f(z)\mathrm{d}\zeta = f(z).$$

由以上两式即得

$$\frac{F(z+\Delta z)-F(z)}{\Delta z}-f(z)=\frac{1}{\Delta z}\int_{z}^{z+\Delta z}\left[f(\zeta)-f(z)\right]\mathrm{d}\zeta.$$

根据 $f(z)$ 在 D 内的连续性，对于任给的 $\varepsilon>0$，只要开始取的那个小圆足够小，则小圆内一切点 ζ 均符合条件 $|f(\zeta)-f(z)|<\varepsilon$，这样一来，由定理 3.2 有

$$\left|\frac{F(z+\Delta z)-F(z)}{\Delta z}-f(z)\right|=\left|\frac{1}{\Delta z}\int_{z}^{z+\Delta z}\left[f(\zeta)-f(z)\right]\mathrm{d}\zeta\right|\leqslant\varepsilon\frac{|\Delta z|}{|\Delta z|}=\varepsilon,$$

即

$$\lim_{\Delta z\to 0}\frac{F(z+\Delta z)-F(z)}{\Delta z}=f(z),$$

亦即 $F'(z)=f(z)(z\in D)$.

注 证明中仅用了两个条件：$f(z)$ 在 D 内积分与路径无关和 $f(z)$ 在 D 内连续. 故由定理 3.6 可得出一个更一般的定理：

定理 3.7 设函数 $f(z)$ 在单连通区域 D 内连续且 $\int_{\Gamma} f(z)\mathrm{d}z=0$，其中 Γ 是区域 D 内任一周线（即积分与路径无关），则函数 $F(z)=\int_{z_0}^{z} f(\zeta)\mathrm{d}\zeta(z_0$ 为 D 内一定点）在 D 内解析，且 $F'(z)=f(z)(z\in D)$.

定义 3.3 在区域 D 内，如果函数 $f(z)$ 连续，则称符合条件 $\Phi'(z)=f(z)(z\in D)$ 的函数 $\Phi(z)$ 为 $f(z)$ 的一个**不定积分**或**原函数**.

由此定义，在定理 3.6 或定理 3.7 的条件下，函数 $F(z)=\int_{z_0}^{z} f(\zeta)\mathrm{d}\zeta$ 就是 $f(z)$ 的一个原函数.

原函数的一般形式为

$$\Phi(z)=F(z)+C=\int_{z_0}^{z} f(\zeta)\mathrm{d}\zeta+C,$$

其中 C 为任一复常数. 事实上，

$$\left[\Phi(z)-F(z)\right]'=\Phi'(z)-F'(z)=f(z)-f(z)=0,$$

故 $\Phi(z)-F(z)=C$，即

$$\Phi(z) = F(z) + C = \int_{z_0}^{z} f(\zeta)\mathrm{d}\zeta + C.$$

若令 $z=z_0$，根据柯西积分定理，可得 $\Phi(z_0) = C$，于是有与牛顿-莱布尼茨公式类似的如下定理：

定理 3.8　在定理 3.6 或定理 3.7 的条件下，如果 $\Phi(z)$ 为 $f(z)$ 在单连通区域 D 内的任意一个原函数，则

$$\int_{z_0}^{z} f(\zeta)\mathrm{d}\zeta = \Phi(z) - \Phi(z_0) \triangleq \left[\Phi(\zeta)\right]_{z_0}^{z} \quad (z, z_0 \in D).$$

例 3.7　在单连通区域 D：$-\pi < \arg z < \pi$ 内，函数 $\ln z$ 是 $f(z) = \dfrac{1}{z}$ 的一个原函数，

而 $f(z) = \dfrac{1}{z}$ 在 D 内解析，故由定理 3.8 有

$$\int_{1}^{z} \frac{\mathrm{d}\zeta}{\zeta} = \ln z - \ln 1 = \ln z \quad (z \in D).$$

对于复变函数积分的计算，也有换元积分、分部积分等常用方法. 由于复变函数积分的换元积分公式与分部积分公式和实变函数积分相应公式的形式一样，这里略去.

例 3.8　求积分 $\displaystyle\int_{0}^{i} z\cos z\,\mathrm{d}z$ 的值.

解　函数 $z\cos z$ 在全复平面内解析，由分部积分公式有

$$\int_{0}^{i} z\cos z\,\mathrm{d}z = \int_{0}^{i} z\,\mathrm{d}\sin z = z\sin z\big|_{0}^{i} - \int_{0}^{i} \sin z\,\mathrm{d}z$$

$$= \left[z\sin z + \cos z\right]_{0}^{i} = i\sin i + \cos i - 1$$

$$= i\,\frac{\mathrm{e}^{-1} - \mathrm{e}}{2i} + \frac{\mathrm{e}^{-1} + \mathrm{e}}{2} - 1 = \mathrm{e}^{-1} - 1.$$

§3　柯西积分公式及其推论

一、柯西积分公式

定理 3.9　设区域 D 的边界是周线或复周线 C，函数 $f(z)$ 在 D 内解析，在 $\overline{D} = D + C$ 上连续，则

$$f(z) = \frac{1}{2\pi i}\int_{C} \frac{f(\zeta)}{\zeta - z}\mathrm{d}\zeta \quad (z \in D). \tag{3.7}$$

公式 (3.7) 称为**柯西积分公式**，其中 $\dfrac{1}{2\pi i}\displaystyle\int_{C} \frac{f(\zeta)}{\zeta - z}\mathrm{d}\zeta \ (z \in D)$ 称为**柯西积分**.

证 对于任意 $z \in D$，函数 $F(\zeta) = \dfrac{f(\zeta)}{f(\zeta) - z}$ 在 D 内除点 z 外解析.

在 D 内以 z 为心，充分小的 $\rho > 0$ 为半径作圆周 γ_ρ. 对于复周线 $\Gamma = C + \gamma_\rho$ 应用定理 3.5，有

$$\int_C \frac{f(\zeta)}{\zeta - z} \mathrm{d}\zeta = \int_{\gamma_\rho} \frac{f(\zeta)}{\zeta - z} \mathrm{d}\zeta,$$

且等式右端与 ρ 无关. 故要证明(3.7)式成立，只需证明

$$\lim_{\rho \to 0} \int_{\gamma_\rho} \frac{f(\zeta)}{\zeta - z} \mathrm{d}\zeta = 2\pi \mathrm{i} f(z).$$

事实上，

$$\left| \int_{\gamma_\rho} \frac{f(\zeta)}{\zeta - z} \mathrm{d}\zeta - 2\pi \mathrm{i} f(z) \right| = \left| \int_{\gamma_\rho} \frac{f(\zeta)}{\zeta - z} \mathrm{d}\zeta - f(z) \int_{\gamma_\rho} \frac{1}{\zeta - z} \mathrm{d}\zeta \right|$$

$$= \left| \int_{\gamma_\rho} \frac{f(\zeta) - f(z)}{\zeta - z} \mathrm{d}\zeta \right|.$$

由于 $f(\zeta)$ 在 D 内连续，所以，对任意 $\varepsilon > 0$，存在 $\delta > 0$，只要 $|\zeta - z| = \rho < \delta$，就有

$$|f(\zeta) - f(z)| < \frac{\varepsilon}{2\pi} \quad (\zeta \in \gamma_\rho).$$

于是，由积分估值定理(定理 3.2)有

$$\left| \int_{\gamma_\rho} \frac{f(\zeta) - f(z)}{\zeta - z} \mathrm{d}\zeta \right| < \frac{\varepsilon}{2\pi \rho} \cdot \pi \rho = \varepsilon.$$

故(3.7)式成立，定理得证.

柯西积分公式给出了解析函数的一个积分表达式，由它可看出解析函数在区域边界上的值决定了函数在区域内任一点的值. 同时公式(3.7)又是一种计算复变函数积分的有力工具. 柯西积分公式可改写成

$$\int_C \frac{f(\zeta)}{\zeta - z} \mathrm{d}\zeta = 2\pi \mathrm{i} f(z) \quad (z \in D). \tag{3.8}$$

借此公式可以计算某些沿周线的积分. 注意 z 为被积函数在 C 内部的唯一奇点. 若被积函数在 C 内部有两个以上奇点，则不能直接应用柯西积分公式.

例 3.9 设 C 为圆周 $|\zeta| = 2$，求积分 $\displaystyle\int_C \frac{\zeta}{(9 - \zeta^2)(\zeta + \mathrm{i})} \mathrm{d}\zeta$ 的值.

解 由公式(3.8)有

$$\int_C \frac{\zeta}{(9 - \zeta^2)(\zeta + \mathrm{i})} \mathrm{d}\zeta = \int_C \frac{\dfrac{\zeta}{9 - \zeta^2}}{\zeta - (-\mathrm{i})} \mathrm{d}\zeta = 2\pi \mathrm{i} \left. \frac{\zeta}{9 - \zeta^2} \right|_{\zeta = -\mathrm{i}} = \frac{\pi}{5}.$$

注 本例中 $f(\zeta)=\dfrac{\zeta}{9-\zeta^2}$ 在 $|\zeta|\leqslant 2$ 上解析，$\zeta=-\mathrm{i}$ 在 $|\zeta|<2$ 内.

考虑定理 3.9 的特殊情形，可得如下的解析函数平均值定理：

定理 3.10(解析函数平均值定理) 如果函数 $f(z)$ 在圆 $|\zeta-z_0|<R$ 内解析，在闭圆 $|\zeta-z_0|\leqslant R$ 上连续，则

$$f(z_0)=\frac{1}{2\pi}\int_0^{2\pi}f(z_0+R\mathrm{e}^{\mathrm{i}\varphi})\mathrm{d}\varphi,$$

即 $f(z)$ 在圆心 z_0 的值等于它在圆周上的值的算术平均数.

证 设 C 表示圆周 $|\zeta-z_0|=R$（图 3.5），则

$$\zeta-z_0=R\mathrm{e}^{\mathrm{i}\varphi}\quad\text{或}\quad\zeta=z_0+R\mathrm{e}^{\mathrm{i}\varphi},\quad 0\leqslant\varphi\leqslant 2\pi.$$

由此有

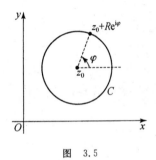

图 3.5

$$\mathrm{d}\zeta=\mathrm{i}R\mathrm{e}^{\mathrm{i}\varphi}\mathrm{d}\varphi,$$

再根据柯西积分公式得

$$\begin{aligned}
f(z_0)&=\frac{1}{2\pi\mathrm{i}}\int_C\frac{f(\zeta)}{\zeta-z_0}\mathrm{d}\zeta\\
&=\frac{1}{2\pi\mathrm{i}}\int_0^{2\pi}\frac{f(z_0+R\mathrm{e}^{\mathrm{i}\varphi})\mathrm{i}R\mathrm{e}^{\mathrm{i}\varphi}\mathrm{d}\varphi}{R\mathrm{e}^{\mathrm{i}\varphi}}\\
&=\frac{1}{2\pi}\int_0^{2\pi}f(z_0+R\mathrm{e}^{\mathrm{i}\varphi})\mathrm{d}\varphi.
\end{aligned}$$

例 3.10 设函数 $f(z)$ 在闭圆 $|z|\leqslant R$ 上解析. 如果存在常数 $a>0$，使当 $|z|=R$ 时 $|f(z)|>a$，而且 $|f(0)|<a$，试证：在圆 $|z|<R$ 内 $f(z)$ 至少有一个零点.

证 用反证法. 假设 $f(z)$ 在 $|z|<R$ 内无零点，而由题设 $f(z)$ 在 $|z|=R$ 上也无零点，于是 $F(z)=\dfrac{1}{f(z)}$ 在闭圆 $|z|\leqslant R$ 上解析. 因此，由解析函数的平均值定理有

$$F(0)=\frac{1}{2\pi}\int_0^{2\pi}F(R\mathrm{e}^{\mathrm{i}\varphi})\mathrm{d}\varphi.$$

又由题设有

$$|F(0)|=\frac{1}{|f(0)|}>\frac{1}{a},\quad |F(R\mathrm{e}^{\mathrm{i}\varphi})|=\frac{1}{|f(R\mathrm{e}^{\mathrm{i}\varphi})|}<\frac{1}{a},$$

从而

$$\frac{1}{a}<|F(0)|=\left|\frac{1}{2\pi}\int_0^{2\pi}F(R\mathrm{e}^{\mathrm{i}\varphi})\mathrm{d}\varphi\right|\leqslant\frac{1}{a}\cdot\frac{1}{2\pi}\cdot 2\pi=\frac{1}{a},$$

矛盾. 故假设不成立，即在圆 $|z|<R$ 内 $f(z)$ 至少有一个零点.

二、柯西导数公式

在定理 3.9 的条件下,我们还可以得到一个用解析函数 $f(z)$ 的边界值表示其各阶导函数内部值的积分公式——柯西导数公式.

定理 3.11(柯西导数公式)　在定理 3.9 的条件下,函数 $f(z)$ 在区域 D 内有各阶导数,并且有

$$f^{(n)}(z) = \frac{n!}{2\pi i} \int_C \frac{f(\zeta)}{(\zeta - z)^{n+1}} d\zeta \quad (z \in D; \ n = 1, 2, \cdots). \tag{3.9}$$

证　用数学归纳法.

(1) 当 $n = 1$ 时,由于

$$\frac{f(z + \Delta z) - f(z)}{\Delta z} = \frac{1}{\Delta z} \left[\frac{1}{2\pi i} \int_C \frac{f(\zeta)}{\zeta - z - \Delta z} d\zeta - \frac{1}{2\pi i} \int_C \frac{f(\zeta)}{\zeta - z} d\zeta \right]$$

$$= \frac{1}{2\pi i} \int_C \frac{f(\zeta)}{(\zeta - z - \Delta z)(\zeta - z)} d\zeta \quad (\Delta z \neq 0),$$

所以 $\left| \dfrac{f(z + \Delta z) - f(z)}{\Delta z} - \dfrac{1}{2\pi i} \int_C \dfrac{f(\zeta)}{(\zeta - z)^2} d\zeta \right| = \left| \dfrac{1}{2\pi i} \int_C \dfrac{\Delta z f(\zeta)}{(\zeta - z - \Delta z)(\zeta - z)^2} d\zeta \right| \triangleq I.$

于是只需证明当 $|\Delta z|$ 充分小时,I 不超过任意给定的正数 ε. 事实上,$f(z)$ 在 $\overline{D} = D + C$ 上连续,故沿周线 C 有

$$|f(z)| \leqslant M \quad (M \text{ 为某正数}).$$

设 d 表示 z 与 C 上点 ζ 之间最短距离,则 $|\zeta - z| \geqslant d > 0$. 限定 $|\Delta z| < d/2$,于是

$$|\zeta - z - \Delta z| \geqslant |\zeta - z| - |\Delta z| > d/2,$$

故

$$I \leqslant \frac{|\Delta z|}{2\pi} \cdot \frac{Ml}{\frac{d}{2}d^2} = |\Delta z| \frac{Ml}{\pi d^3} \quad (\text{其中 } l \text{ 为 } C \text{ 的长度}).$$

要使 $I \leqslant \varepsilon$,只需取 $|\Delta z| < \delta = \min \left\{ \dfrac{d}{2}, \dfrac{\pi d^3 \varepsilon}{Ml} \right\}$. 故当 $n = 1$ 时公式成立.

(2) 假设 $n = k$ 时公式成立,即

$$f^{(k)}(z) = \frac{k!}{2\pi i} \int_C \frac{f(\zeta)}{(\zeta - z)^{k+1}} d\zeta, \quad z \in D.$$

证明 $n = k + 1$ 时公式也成立,即证明

$$\frac{f^{(k)}(z + \Delta z) - f^{(k)}(z)}{\Delta z} \longrightarrow \frac{(k+1)!}{2\pi i} \int_C \frac{f(\zeta)}{(\zeta - z)^{k+2}} d\zeta \quad (\Delta z \to 0).$$

方法同 $n = 1$ 时,此处从略.

注　导数公式(3.9)可改写为

$$\int_C \frac{f(\zeta)}{(\zeta-z)^{n+1}}d\zeta = \frac{2\pi i}{n!}f^{(n)}(z) \quad (z \in D; \ n=1,2,\cdots).\tag{3.10}$$

我们也可以利用这一公式来计算某些沿周线的积分.

例 3.11　计算积分 $\int_C \frac{\cos z}{(z-i)^3}dz$，其中 C 是绕 i 一周的周线，取正向.

解　$\cos z$ 在 z 平面上解析，于是有

$$\int_C \frac{\cos z}{(z-i)^3}dz = \frac{2\pi i}{2!}(\cos z)''|_{z=i} = -\pi i\cos i = -\pi\frac{e^{-1}+e}{2}i.$$

应用上述定理 3.11，我们可以得出解析函数的一个特殊性质——**无穷可微性**：

定理 3.12　设函数 $f(z)$ 在区域 D 内解析，则 $f(z)$ 在 D 内具有各阶导数，并且它们也在 D 内解析.

证　只需证明 $f(z)$ 在 D 内任意点 z_0 处具有各阶导数. 设 z_0 为 D 内任意一点，作以 z_0 为心的充分小的圆，使其闭圆全含于 D 内，则由定理 3.11 知，$f(z)$ 在此圆内具有各阶导数，故 $f(z)$ 在 z_0 处具有各阶导数. 由 z_0 的任意性，$f(z)$ 在 D 内具有各阶导数.

借助于解析函数的无穷可微性，我们现在把判断函数 $f(z)$ 在区域 D 内解析的一个充分条件——定理 2.1 的推论 2，补充证明为刻画解析函数的第二个等价定理：

定理 3.13　函数 $f(z)=u(x,y)+iv(x,y)$ 在区域 D 内解析的充分必要条件是：u_x，u_y，v_x，v_y 在 D 内连续，且 $u(x,y)$，$v(x,y)$ 在 D 内满足 C-R 方程.

证　充分性即定理 2.1 的推论 2. 下证必要性.

设 $f(z)=u(x,y)+iv(x,y)$ 在 D 内解析，由定理 2.3 知，$u(x,y)$，$v(x,y)$ 在 D 内满足 C-R 方程. 又由解析函数 $f(z)$ 的无穷可微性知，$f'(z)$ 必在 D 内连续，因而 u_x,u_y,v_x,v_y 必在 D 内连续.

三、柯西不等式

定理 3.14（柯西不等式）　设函数 $f(z)$ 在区域 D 内解析，a 为 D 内一点，以 a 为心作圆周 γ：$|\zeta-a|=R$，只要 γ 及其内部 K 均含于 D，则有

$$|f^{(n)}(a)| \leqslant \frac{n!M(R)}{R^n}, \quad n=1,2,\cdots,$$

其中 $M(R)=\max\limits_{|z-a|=R}|f(z)|$.

证　在 $\overline{K}$ 上应用定理 3.11，则有

$$|f^{(n)}(a)| \leqslant \left|\frac{n!}{2\pi i}\int_\gamma \frac{f(\zeta)}{(\zeta-a)^{n+1}}d\zeta\right| \leqslant \frac{n!}{2\pi}\cdot\frac{M(R)}{R^{n+1}}\cdot 2\pi R = \frac{n!M(R)}{R^n}.$$

注　柯西不等式是对解析函数各阶导数模的估计式，该式说明解析函数在解析点 a 的

各阶导数的估计与它的解析区域的大小密切相关.

在整个复平面上解析的函数称为**整函数**. 例如, e^z, $\sin z$, 多项式函数, 常数, 等等, 都是整函数.

定理 3. 15（刘维尔（Liouville）定理） 有界整函数 $f(z)$ 必为常数.

证 设 $|f(z)|$ 的上界为 M, 则在柯西不等式中, 无论对什么样的 R, 均有 $M(R) \leqslant M$. 于是, 令 $n=1$, 有 $|f'(a)| \leqslant \dfrac{M}{R}$. 上式对一切 R 均成立, 让 $R \rightarrow +\infty$, 即知 $f'(a)=0$. 而 a 是 z 平面上任一点, 故 $f(z)$ 在 z 平面上的导数为零. 因此, $f(z)$ 必为常数.

注 刘维尔定理也称为**模有界定理**, 其逆亦真, 即: 常数是有界整函数. 此定理的逆否定理为: 非常数的整函数必无界. 例如, e^z, $\sin z$, $\cos z$ 及多项式函数均在 z 平面上无界.

例 3. 12 证明代数学基本定理: 在 z 平面上, n 次多项式

$$P(z) = a_0 z^n + a_1 z^{n-1} + \cdots + a_n \quad (a_0 \neq 0)$$

至少有一个零点.

证 用反证法. 假设 $P(z)$ 在 z 平面上无零点. 由于 $P(z)$ 在 z 平面上解析, 因此 $\dfrac{1}{P(z)}$ 在 z 平面上也必解析. 下面我们证明 $\dfrac{1}{P(z)}$ 在 z 平面上有界.

因为

$$\lim_{z \to \infty} P(z) = \lim_{z \to \infty} z^n \left(a_0 + \frac{a_1}{z} + \cdots + \frac{a_n}{z^n} \right) = \infty,$$

所以 $\lim\limits_{z \to \infty} \dfrac{1}{P(z)} = 0$. 故存在充分大的正数 R, 使得当 $|z| > R$ 时, $\left| \dfrac{1}{P(z)} \right| < 1$. 又因 $\dfrac{1}{P(z)}$ 在闭圆 $|z| \leqslant R$ 上连续, 故可设 $\left| \dfrac{1}{P(z)} \right| \leqslant M$（正常数）, 从而, 在 z 平面上

$$\left| \frac{1}{P(z)} \right| < M + 1.$$

于是, $\dfrac{1}{P(z)}$ 在 z 平面上是解析且有界的. 由刘维尔定理知, $\dfrac{1}{P(z)}$ 必为常数, 即 $P(z)$ 必为常数. 这与定理的假设矛盾, 故定理得证.

四、摩勒拉定理

柯西积分定理（定理 3.3）的逆命题也成立, 它就是下面的摩勒拉（Morera）定理.

定理 3. 16（摩勒拉定理） 若函数 $f(z)$ 在单连通区域 D 内连续, 且对 D 内的任一周线 C, 有 $\displaystyle\int_C f(z)\mathrm{d}z = 0$, 则 $f(z)$ 在 D 内解析.

证 在定理假设条件下,根据定理 3.7 即知函数

$$F(z) = \int_{z_0}^{z} f(\zeta) \mathrm{d}\zeta \quad (z_0 \in D)$$

在 D 内解析,且 $F'(z) = f(z)$ $(z \in D)$. 由定理 3.12 知,解析函数 $F(z)$ 的导函数 $F'(z)$ 仍然在 D 内解析,即 $f(z)$ 在 D 内解析.

下面我们证明刻画解析函数的第三个等价定理:

定理 3.17 函数 $f(z)$ 在区域 D 内解析的充分必要条件是:

(1) $f(z)$ 在 D 内连续;

(2) 对任一周线 C,只要 C 及其内部全含于 D 内,就有 $\int_{C} f(z) \mathrm{d}z = 0$.

证 必要性可由柯西积分定理 3.3 导出. 下证充分性.

设 $f(z)$ 满足条件(1),(2). 在 D 内任取一点 z_0,在 z_0 的一个邻域 $K: |\zeta - z_0| < \rho$ 内应用定理 3.16,只要 ρ 充分小,就有 $f(z)$ 在 K 内解析,因此 $f(z)$ 在点 z_0 解析. 再由 z_0 的任意性,则 $f(z)$ 在区域 D 内解析.

§4 解析函数与调和函数的关系

在前一节,我们证明了在区域内解析的函数,其导数仍为解析函数,因而具有任意阶的导数. 本节利用这个重要结论研究它与调和函数之间的关系.

先给出调和函数的定义.

定义 3.4 若二元实变函数 $H(x, y)$ 在区域 D 内有二阶连续偏导数,且满足拉普拉斯方程

$$\Delta H = \frac{\partial^2 H}{\partial x^2} + \frac{\partial^2 H}{\partial y^2} = 0,$$

则称 $H(x, y)$ 为区域 D 内的**调和函数**.

一、解析函数与调和函数的关系

定理 3.18 若函数 $f(z) = u(x, y) + \mathrm{i}v(x, y)$ 在区域 D 内解析,则 $u(x, y), v(x, y)$ 为 D 内的调和函数.

证 因为 $f(z) = u(x, y) + \mathrm{i}v(x, y)$ 在区域 D 内解析,则由 C-R 方程,得

$$\frac{\partial u}{\partial x} = \frac{\partial v}{\partial y}, \quad \frac{\partial u}{\partial y} = -\frac{\partial v}{\partial x},$$

从而

$$\frac{\partial^2 u}{\partial x^2} = \frac{\partial^2 v}{\partial y \partial x}, \quad \frac{\partial^2 u}{\partial y^2} = -\frac{\partial^2 v}{\partial x \partial y}.$$

根据解析函数的无穷可微性知，u 与 v 具有任意阶的连续偏导数，所以

$$\frac{\partial^2 v}{\partial x \partial y} = \frac{\partial^2 v}{\partial y \partial x}, \quad \text{从而} \quad \frac{\partial^2 u}{\partial x^2} + \frac{\partial^2 u}{\partial y^2} = 0.$$

同理 $\frac{\partial^2 v}{\partial x^2} + \frac{\partial^2 v}{\partial y^2} = 0$. 因此 u 与 v 都是调和函数.

定义 3.5 在区域 D 内满足 C-R 方程 $\frac{\partial u}{\partial x} = \frac{\partial v}{\partial y}, \frac{\partial u}{\partial y} = -\frac{\partial v}{\partial x}$ 的两个调和函数 $u(x,y)$，$u(x,y)$ 中，$v(x,y)$ 称为 $u(x,y)$ 在区域 D 内的**共轭调和函数**.

由定义 3.5 及定理 3.13 得到又一个刻画解析函数的等价条件：

定理 3.19 函数 $f(z)=u(x,y)+iv(x,y)$ 在区域 D 内解析的充分必要条件是：在区域 D 内，$v(x,y)$ 是 $u(x,y)$ 的共轭调和函数.

二、解析函数的求法

已知一个解析函数 $f(z)$ 的实部 $u(x,y)$（或虚部 $v(x,y)$），下面讨论如何求得这个解析函数.

1. 曲线积分法

若已知 $u(x,y)$ 为单连通区域 D 内的调和函数，则 $u(x,y)$ 在 D 内具有二阶连续偏导数，且有 $\frac{\partial^2 u}{\partial x^2} + \frac{\partial^2 u}{\partial y^2} = 0$，即 $P = -\frac{\partial u}{\partial y}, Q = \frac{\partial u}{\partial x}$ 具有一阶连续偏导数，且有 $\frac{\partial P}{\partial y} = \frac{\partial Q}{\partial x}$. 由数学分析中曲线积分的知识可知，$P\mathrm{d}x + Q\mathrm{d}y = -\frac{\partial u}{\partial y}\mathrm{d}x + \frac{\partial u}{\partial x}\mathrm{d}y$ 是全微分. 设

$$-\frac{\partial u}{\partial y}\mathrm{d}x + \frac{\partial u}{\partial x}\mathrm{d}y = \mathrm{d}v(x,y),$$

则

$$v(x,y) = \int_{(x_0,y_0)}^{(x,y)} -\frac{\partial u}{\partial y}\mathrm{d}x + \frac{\partial u}{\partial x}\mathrm{d}y + C, \qquad (3.11)$$

其中 (x_0,y_0) 是 D 内的定点，(x,y) 是 D 内的动点，C 是任意实常数，积分与路径无关.

将 (3.11) 式分别对 x,y 求偏导数，可得

$$\frac{\partial v}{\partial x} = -\frac{\partial u}{\partial y}, \quad \frac{\partial v}{\partial y} = \frac{\partial u}{\partial x}.$$

由定理 3.13 知，函数 $f(z)=u+iv$ 在 D 内解析.

注 （1）如果 D 内包含原点，通常取 $(x_0,y_0)=(0,0)$，以便于计算；

（2）如果 D 为多连通区域，v 可能是多值的；

（3）公式 (3.11) 不必强记，可借助于下式来记忆：

第三章　复变函数的积分

$$dv(x,y) = \frac{\partial v}{\partial x}dx + \frac{\partial v}{\partial y}dy \xlongequal{\text{C-R 方程}} -\frac{\partial u}{\partial y}dx + \frac{\partial u}{\partial x}dy;$$

（4）类似于公式（3.11），由于 $du(x,y) = \dfrac{\partial u}{\partial x}dx + \dfrac{\partial u}{\partial y}dy = \dfrac{\partial v}{\partial y}dx - \dfrac{\partial v}{\partial x}dy$，我们有

$$u(x,y) = \int_{(x_0,y_0)}^{(x,y)} \frac{\partial v}{\partial y}dx - \frac{\partial v}{\partial x}dy + C. \tag{3.12}$$

2. 偏积分法

　　如果已知一个调和函数 $u(x,y)$，即知它的两个偏导数，再利用对偏导数的积分和 C-R 方程可求得它的共轭调和函数 $v(x,y)$，从而求得解析函数 $f(z)=u+iv$. 如果已知调和函数 $v(x,y)$，同理也可求得解析函数 $f(z)=u+iv$.

3. 不定积分法

　　已知调和函数 $u(x,y)$ 或 $v(x,y)$，可由导数公式（2.4）求出 $f'(z)$，再积分便可得到解析函数 $f(z)$.

　　例 3.13　验证 $u(x,y)=x^3-3xy^2$ 是 z 平面上的调和函数，并求以 $u(x,y)$ 为实部的解析函数 $f(z)$，使得 $f(0)=i$.

　　解　因在 z 平面上任一点有

$$\frac{\partial u}{\partial x} = 3x^2 - 3y^2, \quad \frac{\partial u}{\partial y} = -6xy,$$

$$\frac{\partial^2 u}{\partial x \partial y} = -6y, \quad \frac{\partial^2 u}{\partial y \partial x} = -6y, \quad \frac{\partial^2 u}{\partial x^2} = 6x, \quad \frac{\partial^2 u}{\partial y^2} = -6x,$$

显然 $u(x,y)$ 的二阶偏导数均连续且满足拉普拉斯方程，故 $u(x,y)$ 是 z 平面上的调和函数.

　　下面求解析函数 $f(z)=u(x,y)+iv(x,y)$.

　　方法 1　取 $(x_0,y_0)=(0,0)$，由公式（3.11）有

$$\begin{aligned}
v(x,y) &= \int_{(x_0,y_0)}^{(x,y)} -\frac{\partial u}{\partial y}dx + \frac{\partial u}{\partial x}dy + C \\
&= \int_{(0,0)}^{(x,0)} 6xy\,dx + (3x^2-3y^2)dy + \int_{(x,0)}^{(x,y)} 6xy\,dx + (3x^2-3y^2)dy + C \\
&= \int_0^y (3x^2-3y^2)dy + C \\
&= 3x^2 y - y^3 + C,
\end{aligned}$$

其中积分路径取为如图 3.6 所示的折线段，故

$$\begin{aligned}
f(z) &= u(x,y)+iv(x,y) = x^3-3xy^2 + i(3x^2y-y^3+C) \\
&= (x+iy)^3 + iC = z^3 + iC.
\end{aligned}$$

要使 $f(0)=i$，必有 $C=1$，因此 $f(z)=z^3+i$.

方法 2　先由 C-R 方程中的一个方程得

$$\frac{\partial v}{\partial y} = \frac{\partial u}{\partial x} = 3x^2 - 3y^2,$$

则

$$v = \int \frac{\partial u}{\partial x} \mathrm{d}y = \int (3x^2 - 3y^2) \mathrm{d}y = 3x^2 y - y^3 + \varphi(x).$$

再由 C-R 方程中的另一个方程得

$$\frac{\partial v}{\partial x} = 6xy + \varphi'(x) = -\frac{\partial u}{\partial y} = 6xy,$$

故 $\varphi'(x) = 0$，即 $\varphi(x) = C$. 因此

$$v(x,y) = 3x^2 y - y^3 + C.$$

故

$$\begin{aligned} f(z) &= u(x,y) + \mathrm{i}v(x,y) = x^3 - 3xy^2 + \mathrm{i}(3x^2 y - y^3 + C) \\ &= (x + \mathrm{i}y)^3 + \mathrm{i}C = z^3 + \mathrm{i}. \end{aligned}$$

要使 $f(0) = \mathrm{i}$，必有 $C = 1$，故 $f(z) = z^3 + \mathrm{i}$.

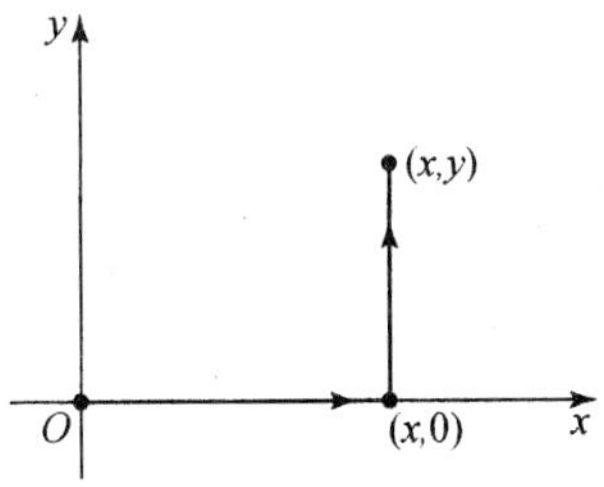

方法 3　由于

$$f'(z) = \frac{\partial u}{\partial x} - \mathrm{i}\frac{\partial u}{\partial y} = (3x^2 - 3y^2) + 6xy\mathrm{i} = 3(x + \mathrm{i}y)^2 = 3z^2,$$

积分得 $f(z) = z^3 + C$. 又 $f(0) = \mathrm{i}$，由此得 $C = \mathrm{i}$，故 $f(z) = z^3 + \mathrm{i}$.

图 3.6

习　题　三

1. 计算积分 $\displaystyle\int_C (x - y + \mathrm{i}x^2)\mathrm{d}z$，其中积分路径 C 是连接由 0 到 $1 + \mathrm{i}$ 的有向直线段.

2. 利用积分估值，证明：

(1) $\left| \displaystyle\int_C (x^2 + \mathrm{i}y^2)\mathrm{d}z \right| \leqslant 2$，其中 C 是连接由 $-\mathrm{i}$ 到 i 的有向直线段；

(2) $\left| \displaystyle\int_C (x^2 + \mathrm{i}y^2)\mathrm{d}z \right| \leqslant \pi$，其中 C 是连接由 $-\mathrm{i}$ 到 i 的有向右半圆周.

3. 利用在单位圆周上 $\bar{z} = \dfrac{1}{z}$ 的性质及柯西积分公式说明 $\displaystyle\int_C \bar{z}\mathrm{d}z = 2\pi\mathrm{i}$，其中 C 为正向单位圆周 $|z| = 1$.

4. 计算积分 $\displaystyle\int_C \dfrac{\bar{z}}{|z|}\mathrm{d}z$，其中 C 为下列正向圆周：

(1) $|z| = 2$；　　　　　　　　　　(2) $|z| = 4$.

第三章　复变函数的积分

5. 试用观察法得出下列积分的值,并说明观察时所依据的是什么,其中积分路径 C 是正向圆周 $|z|=1$:

(1) $\int_c \dfrac{1}{z-2}\mathrm{d}z$;　　　　(2) $\int_c \dfrac{1}{\cos z}\mathrm{d}z$;　　　　(3) $\int_c \dfrac{1}{z^2+2z+4}\mathrm{d}z$;

(4) $\int_c z\mathrm{e}^z\mathrm{d}z$;　　　　(5) $\int_c z\cos z^2\mathrm{d}z$;　　　　(6) $\int_c \dfrac{\mathrm{e}^z}{z^2+5z+6}\mathrm{d}z$.

6. 计算下列积分:

(1) $\int_{C_j} \dfrac{\sin\frac{\pi}{4}z}{z^2-1}\mathrm{d}z\ (j=1,2,3)$,其中 $C_1: |z+1|=\dfrac{1}{2}$,$C_2: |z-1|=\dfrac{1}{2}$,$C_3: |z|=2$,均取正向;

(2) $\int_c \dfrac{\mathrm{e}^z}{z(z-2)}\mathrm{d}z$,其中 $C: |z-2|=1$,取正向;

(3) $\int_c \dfrac{\mathrm{e}^{iz}}{z^2+1}\mathrm{d}z$,其中 $C: |z-2i|=\dfrac{3}{2}$,取正向;

(4) $\int_c \dfrac{1}{z^2-a^2}\mathrm{d}z$,其中 $C: |z-a|=3a$,取正向.

7. (分部积分法) 设函数 $f(z),g(z)$ 在单连通区域 D 内解析,α,β 是 D 内的两点,试证:
$$\int_\alpha^\beta f(z)g'(z)\mathrm{d}z = \left[f(z)g(z)\right]_\alpha^\beta - \int_\alpha^\beta g(z)f'(z)\mathrm{d}z.$$

8. 计算下列积分:

(1) $\int_{-2}^{-2+i} (z+2)^2\mathrm{d}z$;　　　　(2) $\int_{-\pi i}^{3\pi i} \mathrm{e}^{2z}\mathrm{d}z$;

(3) $\int_{-\pi i}^{\pi i} \sin^2 z\mathrm{d}z$;　　　　(4) $\int_0^1 z\sin z\mathrm{d}z$.

9. 设函数 $f(z)$ 在 z 平面上解析,且 $|f(z)|$ 恒大于一个正的常数,试证:$f(z)$ 为常数.

10. 如果函数 $f(z)$ 为一整函数,且使得 $\mathrm{Re}f(z)<M$ 的实数 M 存在,试证:$f(z)$ 为常数.

11. 由下列各已知调和函数 $u(x,y)$ 或 $v(x,y)$,求解析函数 $f(z)=u(x,y)+iv(x,y)$,使得满足给定的条件:

(1) $u(x,y)=2(x-1)y,f(2)=-i$;

(2) $v(x,y)=\dfrac{y}{x^2+y^2},f(2)=0$;

(3) $u(x,y)=x^2+xy-y^2,f(\mathrm{i})=-1+\mathrm{i}$.

第四章

解析函数的级数理论

> 级数是研究解析函数性质的重要工具. 本章首先介绍复数项级数和复变函数项级数的概念和性质; 其次研究幂级数的收敛域及其和函数; 最后讨论将解析函数展开成幂级数或洛朗级数的问题, 并以级数展开式为工具, 分别研究解析函数在零点与奇点 (特别是极点) 附近的性质. 学习本章宜与数学分析中的实级数 (实数项级数和实变函数项级数) 部分结合起来, 采用对比的方法, 对于与其中平行的结论, 叙述后不再加以证明.

§1　一般理论

一、复数项级数

定义 4.1　设 $\alpha_1, \alpha_2, \cdots, \alpha_n, \cdots$ 是一复数列, 定义形式和

$$\sum_{n=1}^{\infty} \alpha_n = \alpha_1 + \alpha_2 + \cdots + \alpha_n + \cdots \qquad (4.1)$$

为**复数项级数**(简称**级数**), 其中 α_n 称为该级数的**通项**.

与实数项级数类似, 我们称 $s_n = \alpha_1 + \alpha_2 + \cdots + \alpha_n$ 为级数 (4.1) 的**部分和**. 若部分和数列 $\{s_n\}$ 收敛, 即极限

$$\lim_{n \to \infty} s_n = s,$$

其中 s 为一复常数, 则称级数 $\sum\limits_{n=1}^{\infty} \alpha_n$ **收敛**, 并称 s 为该级数的**和**, 记为

$$\sum_{n=1}^{\infty} \alpha_n = s.$$

这时也称级数 $\sum\limits_{n=1}^{\infty} \alpha_n$ 收敛于 s. 若 $\{s_n\}$ 发散, 则称级数 (4.1) **发散**.

依照 "$\varepsilon - N$" 语言, 级数 (4.1) 收敛于 s 的定义可叙述为: 若对任意 $\varepsilon > 0$, 存在正整数 N, 使得当 $n > N$ 时, 有

$$\left| \sum_{k=1}^{n} \alpha_k - s \right| < \varepsilon,$$

则称级数(4.1)收敛于复常数 s.

定理 4.1　设有复数列 $\{\alpha_n\}$,其中 $\alpha_n = a_n + ib_n (a_n, b_n$ 为实数, $n = 1, 2, \cdots)$,则级数 $\sum\limits_{n=1}^{\infty} \alpha_n$

收敛于复数 $s = a + ib$ (a, b 为实数) 的充分必要条件是:实数项级数 $\sum\limits_{n=1}^{\infty} a_n$ 及 $\sum\limits_{n=1}^{\infty} b_n$ 分别收敛

于 a 与 b.

由不等式

$$\left| \sum_{k=1}^{n} a_k - a \right| \leqslant \left| \sum_{k=1}^{n} \alpha_k - s \right| \quad \text{及} \quad \left| \sum_{k=1}^{n} b_k - b \right| \leqslant \left| \sum_{k=1}^{n} \alpha_k - s \right|$$

即得必要性;而由

$$\left| \sum_{k=1}^{n} \alpha_k - s \right| \leqslant \left| \sum_{k=1}^{n} a_k - a \right| + \left| \sum_{k=1}^{n} b_k - b \right|$$

可得充分性. 此定理将复数项级数的收敛与发散问题转化为实级数的收敛与发散问题,详细证明留给读者.

例 4.1　判别级数 $\sum\limits_{n=1}^{\infty} \left(\dfrac{1}{2^n} + \dfrac{i}{n} \right)$ 的敛散性.

解　因为虚部级数 $\sum\limits_{n=1}^{\infty} \dfrac{1}{n}$ 发散,所以即使 $\sum\limits_{n=1}^{\infty} \dfrac{1}{2^n}$ 收敛,原级数仍发散.

相应地,实数项级数的柯西收敛准则可推广到复数项级数:

定理 4.2(柯西收敛准则)　复数项级数 $\sum\limits_{n=1}^{\infty} \alpha_n$ 收敛的充分必要条件是:对任给 $\varepsilon > 0$,存

在正整数 $N(\varepsilon)$,使得当 $n > N$ 且 p 为任意正整数时,有

$$| \alpha_{n+1} + \alpha_{n+2} + \cdots + \alpha_{n+p} | < \varepsilon.$$

由定理 4.2 我们立即得到以下**结论**:

(1) 当 $p = 1$ 时, $| \alpha_{n+1} | < \varepsilon$,即 $\lim\limits_{n \to \infty} \alpha_n = 0$,亦即复数项级数收敛的必要条件是通项极限为零;

(2) 复数项收敛级数各项必有界;

(3) 复数项级数 $\sum\limits_{n=1}^{\infty} \alpha_n$ 改变有限个项所得级数与原级数的敛散性相同.

与实数项级数类似,收敛复数项级数也有如下的线性性质:

性质　若复数项级数 $\sum\limits_{n=1}^{\infty} \alpha_n, \sum\limits_{n=1}^{\infty} \beta_n$ 均收敛,其和分别为 s_1, s_2,又知 a, b 为常数,则级数

$$\sum_{n=1}^{\infty}(a\alpha_n+b\beta_n)$$ 收敛,并且它的和为 as_1+bs_2,即

$$\sum_{n=1}^{\infty}(a\alpha_n+b\beta_n)=as_1+bs_2=a\sum_{n=1}^{\infty}\alpha_n+b\sum_{n=1}^{\infty}\beta_n.$$

对于复数项级数(4.1),我们引进绝对收敛和条件收敛的概念.

定义 4.2 若级数 $\sum_{n=1}^{\infty}|\alpha_n|$ 收敛,则称原复数项级数 $\sum_{n=1}^{\infty}\alpha_n$ **绝对收敛**. 若复数项级数 $\sum_{n=1}^{\infty}\alpha_n$ 收敛,而级数 $\sum_{n=1}^{\infty}|\alpha_n|$ 发散,则称原复数项级数 $\sum_{n=1}^{\infty}\alpha_n$ **条件收敛**.

设 $\alpha_n=a_n+\mathrm{i}b_n(n=1,2,\cdots)$,由不等式

$$|a_n|\leqslant|\alpha_n|,\quad|b_n|\leqslant|\alpha_n|\quad\text{和}\quad|\alpha_n|\leqslant|a_n|+|b_n|,$$

我们容易推得如下**结论**:复数项级数 $\sum_{n=1}^{\infty}\alpha_n$ 绝对收敛的充分必要条件是它所对应的实部级数 $\sum_{n=1}^{\infty}a_n$ 与虚部级数 $\sum_{n=1}^{\infty}b_n$ 都绝对收敛.

由此可见,如果复数项级数 $\sum_{n=1}^{\infty}\alpha_n$ 绝对收敛,那么它的实部级数 $\sum_{n=1}^{\infty}a_n$ 与虚部级数 $\sum_{n=1}^{\infty}b_n$ 收敛,从而有 $\sum_{n=1}^{\infty}\alpha_n$ 一定收敛,即绝对收敛的复数项级数本身一定是收敛级数. 而判定复数项级数 $\sum_{n=1}^{\infty}\alpha_n$ 的绝对收敛性,可用这样两种方法:其一由正项级数的一切收敛判别法可判定正项级数 $\sum_{n=1}^{\infty}|\alpha_n|$ 的收敛性;其二判定其实部级数 $\sum_{n=1}^{\infty}a_n$ 与虚部级数 $\sum_{n=1}^{\infty}b_n$ 的绝对收敛性.

与实数项级数一样,绝对收敛的复数项级数有如下两个**运算性质**:

(1)(广义交换律)调换绝对收敛复数项级数各项的顺序所得的复数项级数仍绝对收敛且其和不变;

(2)(广义分配律)设复数项级数 $\sum_{n=1}^{\infty}\alpha_n$ 和 $\sum_{n=1}^{\infty}\beta_n$ 分别绝对收敛于 s 和 s',则按对角线法得出的**柯西乘积级数**

$$\sum_{n=1}^{\infty}(\alpha_1\beta_n+\alpha_2\beta_{n-1}+\cdots+\alpha_n\beta_1)$$

也绝对收敛于 ss'.

例 4.2 判断级数 $\sum_{n=1}^{\infty}\dfrac{(3+4\mathrm{i})^n}{n!}$ 的敛散性.

解 因级数 $\sum_{n=1}^{\infty}\left|\dfrac{(3+4i)^n}{n!}\right|=\sum_{n=1}^{\infty}\dfrac{5^n}{n!}$，从而由正项级数的比值审敛法知其收敛，故原级数绝对收敛，亦收敛.

二、复变函数项级数

定义 4.3 设 $f_1(z),f_2(z),\cdots,f_n(z),\cdots$ 为定义在复平面点集 E 上的一函数列，称

$$\sum_{n=1}^{\infty}f_n(z)=f_1(z)+f_2(z)+\cdots+f_n(z)+\cdots \tag{4.2}$$

为点集 E 上的**复变函数项级数**（简称级数），并称

$$s_n(z)=\sum_{k=1}^{n}f_k(z)=f_1(z)+f_2(z)+\cdots+f_n(z)$$

为它的**部分和函数**. 若在 E 上存在一个函数 $f(z)$，使得对任意 $z\in E$，级数 $\sum_{n=1}^{\infty}f_n(z)$ 均收敛于 $f(z)$，则称 $f(z)$ 为复变函数项级数 $\sum_{n=1}^{\infty}f_n(z)$ 的**和函数**，记为

$$f(z)=\sum_{n=1}^{\infty}f_n(z).$$

依照"ε-N"语言，级数（4.2）收敛于函数 $f(z)$ 的定义可叙述为：若对任意 $\varepsilon>0$ 及任意 $z\in E$，存在正整数 $N=N(\varepsilon,z)$，使得当 $n>N$ 时，有

$$|s_n(z)-f(z)|<\varepsilon,$$

其中 $s_n(z)=\sum_{k=1}^{n}f_k(z)$ 为级数（4.2）的部分和函数，则称级数（4.2）收敛于函数 $f(z)$.

值得注意的是，在上述"ε-N"语言叙述中，N 不仅依赖于 ε，还依赖于 $z\in E$. 我们称这种情况为级数（4.2）**点态收敛**（或**逐点收敛**）于 $f(z)$.

区别于此的有复变函数项级数一致收敛的定义：若对任意 $\varepsilon>0$ 及任意 $z\in E$，存在正整数 $N=N(\varepsilon)$，当 $n>N$ 时，有

$$|s_n(z)-f(z)|<\varepsilon,$$

则称级数（4.2）**一致收敛**于函数 $f(z)$. 此处 N 对于任意 $z\in E$ 是通用的，一致的，故称级数（4.2）一致收敛于 $f(z)$.

与实变函数项级数平行的，一致收敛的判定定理——柯西一致收敛准则和优级数准则，对于复变函数项级数而言结论依然成立，证明步骤也完全类似，故这里略去.

下面给出复变函数项级数一致收敛的分析性质——连续性、可积性和可微性：

定理 4.3 设复变函数项级数 $\sum_{n=1}^{\infty}f_n(z)$ 的各项 $f_1(z),f_2(z),\cdots,f_n(z),\cdots$ 在点集 E 上

连续,且一致收敛于 $f(z)$,则和函数

$$f(z) = \sum_{n=1}^{\infty} f_n(z)$$

也在 E 上连续.

定理 4.4 设复变函数项级数 $\sum_{n=1}^{\infty} f_n(z)$ 的各项 $f_1(z), f_2(z), \cdots, f_n(z), \cdots$ 在曲线 C 上

连续,并且在 C 上一致收敛于 $f(z)$,则级数 $\sum_{n=1}^{\infty} f_n(z)$ 沿 C 可逐项积分,即有

$$\int_C f(z)\mathrm{d}z = \sum_{n=1}^{\infty} \int_C f_n(z)\mathrm{d}z.$$

三、解析函数项级数

我们知道实数项级数可逐项求导定理的条件比较苛刻,而对于复解析函数项级数可逐项求导的条件比较弱,这就是著名的魏尔斯特拉斯(Weierstrass)定理. 首先,我们需要引进内闭一致收敛的概念.

定义 4.4 设函数 $f_n(z)(n = 1, 2, \cdots)$ 定义在区域 D 内. 若复变函数项级数 $\sum_{n=1}^{\infty} f_n(z)$ 在 D 内任一有界闭集上一致收敛,则称此级数在 D 内**内闭一致收敛**或**广义一致收敛**.

内闭一致收敛与一致收敛有如下关系:级数(4.2)在区域 D 内内闭一致收敛,则级数在 D 内每一点收敛,但不一定在 D 内一致收敛;反之,级数(4.2)在区域 D 内一致收敛,必定在 D 内内闭一致收敛.

例 4.3 讨论级数 $\sum_{n=1}^{\infty} z^{n-1} = 1 + z + z^2 + \cdots + z^{n-1} + \cdots$ 的收敛性.

解 (1)当 $|z| \geqslant 1$ 时,有 $\lim_{n \to \infty} z^{n-1} \neq 0$,即通项不趋于零,故级数 $\sum_{n=1}^{\infty} z^{n-1}$ 发散.

(2)当 $|z| < 1$ 时,有

$$\sum_{k=1}^{n} z^{k-1} = \frac{1-z^n}{1-z} \to \frac{1}{1-z} \quad (n \to \infty),$$

于是级数 $\sum_{n=1}^{\infty} z^{n-1}$ 在 $|z| < 1$ 内收敛于 $\frac{1}{1-z}$.

(3)事实上,由优级数准则易知,级数 $\sum_{n=1}^{\infty} z^{n-1}$ 在任意闭圆域 $|z| \leqslant r \, (r < 1)$ 上一致收敛 $\left(\sum_{n=1}^{\infty} z^{n-1} \text{ 有收敛的优级数 } \sum_{n=1}^{\infty} r^n\right)$,从而级数 $\sum_{n=1}^{\infty} z^{n-1}$ 在 $|z| < 1$ 内内闭一致收敛.

74

(4) 级数 $\sum\limits_{n=1}^{\infty} z^{n-1}$ 在 $|z| < 1$ 内不一致收敛. 事实上, 对任给的 $\varepsilon > 0$, 由

$$\left| \frac{1-z^n}{1-z} - \frac{1}{1-z} \right| = \frac{|z^n|}{|1-z|} < \varepsilon$$

有

$$n > \frac{1}{\ln|z|}(\ln\varepsilon + \ln|1-z|) \to +\infty \quad (z \to 1).$$

值得我们注意的结论是: 复变函数项级数在某圆内内闭一致收敛的充分必要条件为它在该圆内任意与此圆同心的闭圆上是一致收敛的.

定理 4.5(魏尔斯特拉斯定理) 设函数列 $f_n(z)(n=1,2,\cdots)$ 在区域 D 内解析, 复变函数项级数 $\sum\limits_{n=1}^{\infty} f_n(z)$ 在 D 内内闭一致收敛于函数 $f(z)$, 即 $f(z) = \sum\limits_{n=1}^{\infty} f_n(z)(z \in D)$, 则

(1) 函数 $f(z)$ 在区域 D 内解析;

(2) $f^{(p)}(z) = \sum\limits_{n=1}^{\infty} f_n^{(p)}(z) \ (z \in D; p = 1,2,\cdots)$;

(3) $\sum\limits_{n=1}^{\infty} f_n^{(p)}(z)$ 在 D 内内闭一致收敛于 $f^{(p)}(z) \ (p = 1,2,\cdots)$.

证 (1) 设 z_0 为 D 内的任意一点, 则存在 z_0 的一个邻域 U, 使得 $\overline{U} \subset D$. 对 U 内的任一周线 C, 由已知条件知级数 $\sum\limits_{n=1}^{\infty} f_n(z)$ 在 C 上一致收敛于 $f(z)$, 且 $f_n(z)(n=1,2,\cdots)$ 是连续的, 再由定理 4.4 及柯西积分定理有

$$\int_C f(z)\mathrm{d}z = \sum_{n=1}^{\infty} \int_C f_n(z)\mathrm{d}z = 0.$$

根据摩勒拉定理, $f(z)$ 在 U 内解析, 从而在点 z_0 解析. 由 z_0 的任意性知, $f(z)$ 在 D 内解析.

(2) 假设 U 的边界为 K, K 含于 D 内. 于是, 对任意 $z \in K$, $\sum\limits_{n=1}^{\infty} \dfrac{f_n(z)}{(z-z_0)^{p+1}}$ 一致收敛于 $\dfrac{f(z)}{(z-z_0)^{p+1}}$. 由定理 4.4 可推得

$$\sum_{n=1}^{\infty} \frac{p!}{2\pi\mathrm{i}} \int_K \frac{f_n(z)}{(z-z_0)^{p+1}}\mathrm{d}z = \frac{p!}{2\pi\mathrm{i}} \int_K \frac{f(z)}{(z-z_0)^{p+1}}\mathrm{d}z.$$

由 z_0 的任意性, 于是

$$f^{(p)}(z) = \sum_{n=1}^{\infty} f_n^{(p)}(z) \quad (z \in D; p = 1,2,\cdots).$$

(3) 证明略.

四、幂级数及其和函数

下面我们具体研究一类简单的解析函数项级数——幂级数,它是研究解析函数的一个重要工具.

定义 4.5 一个关于**中心** a **的幂级数**(简称**幂级数**)具有如下形式:

$$\sum_{n=0}^{\infty} C_n(z-a)^n = C_0 + C_1(z-a) + C_2(z-a)^2 + \cdots + C_n(z-a)^n + \cdots, \quad (4.3)$$

其中 $C_0, C_1, C_2, \cdots$ 和 a 都是复常数.

作变换 $\zeta = z - a$,并将 ζ 改写为 z,则幂级数(4.3)变为如下形式:

$$\sum_{n=0}^{\infty} C_n z^n = C_0 + C_1 z + \cdots + C_n z^n + \cdots.$$

与实变量幂级数类似,我们首先应研究幂级数(4.3)的收敛范围. 显然,幂级数(4.3)于点 a 收敛. 对于讨论在其他点处是否收敛的问题,复变量幂级数也同样有阿贝尔(Abel)定理,其证明方法与实变量幂级数的情形相同,此处从略.

定理 4.6(阿贝尔(Abel)定理) 如果幂级数 $\sum_{n=0}^{\infty} C_n(z-a)^n$ 在某点 $z_1(\neq a)$ 收敛,则当 $|z-a| < |z_1-a|$ 时,它绝对收敛且内闭一致收敛;若幂级数 $\sum_{n=0}^{\infty} C_n(z-a)^n$ 在某点 $z_2(\neq a)$ 发散,则当 $|z-a| > |z_2-a|$ 时,它发散.

利用阿贝尔定理可以断定幂级数的收敛范围是个圆. 一般地,称这个圆的半径 R 为幂级数 $\sum_{n=0}^{\infty} C_n(z-a)^n$ 的**收敛半径**,并称 $|z-z_0| < R$ 为**收敛圆**,而称 $|z-a| = R$ 为**收敛圆周**. 对于一个幂级数来说,它的收敛情况不外乎下列三种情况:

(1) 对任意的 $z \neq a$,级数 $\sum_{n=0}^{\infty} C_n(z-a)^n$ 均发散,即 $R = 0$.

(2) 对任意的复数 z,级数 $\sum_{n=0}^{\infty} C_n(z-a)^n$ 均收敛,即 $R = +\infty$.

(3) 存在一个有限正数 R,当 $|z-a| < R$ 时,级数 $\sum_{n=0}^{\infty} C_n(z-a)^n$ 绝对收敛;当 $|z-a| > R$ 时,它发散.

至于幂级数在其收敛圆周 $|z-a| = R$ 上的收敛性是不明确的. 一般来讲,在收敛圆周上的敛散情形有三种:一是处处收敛;二是处处发散;三是既有收敛点又有发散点.

现在讨论幂级数 $\sum_{n=0}^{\infty} C_n(z-a)^n$ 的收敛半径 R 的具体求法. 与实变量幂级数一样,收敛半

径可由如下定理给出:

定理 4.7　如果幂级数 $\sum\limits_{n=0}^{\infty} C_n(z-a)^n$ 的系数满足下列三式之一:

$$\lim_{n\to\infty}\left|\frac{C_n+1}{C_n}\right|=l\ (\textbf{达朗贝尔法则或比值法}),$$

$$\lim_{n\to\infty}\sqrt[n]{|C_n|}=l\ (\textbf{柯西法则或根值法}),$$

$$\overline{\lim_{n\to\infty}}\sqrt[n]{|C_n|}=l\ (\textbf{柯西-阿达马公式或上极限法}),$$

则幂级数 $\sum\limits_{n=0}^{\infty} C_n(z-a)^n$ 的收敛半径为

$$R=\begin{cases}1/l, & l\neq 0,l\neq\infty;\\ 0, & l=+\infty;\\ +\infty, & l=0.\end{cases}$$

例 4.4　求下列幂级数的收敛半径 R:

(1) $\sum\limits_{n=0}^{\infty}\frac{1}{n!}z^n$;　　(2) $\sum\limits_{n=0}^{\infty}\left(1+\frac{i}{2}\right)^n z^n$;　　(3) $1+z+z^4+z^9+\cdots$.

解　(1) 因为 $l=\lim\limits_{n\to\infty}\left|\frac{C_{n+1}}{C_n}\right|=\lim\limits_{n\to\infty}\frac{n!}{(n+1)!}=0$,所以 $R=+\infty$.

(2) 因为 $l=\lim\limits_{n\to\infty}\sqrt[n]{|C_n|}=\lim\limits_{n\to\infty}\sqrt[n]{\left|1+\frac{i}{2}\right|^n}=\frac{\sqrt{5}}{2}$,所以 $R=\frac{2}{\sqrt{5}}$.

(3) 当 n 是平方数时 $C_n=1$,其他情形 $C_n=0$,于是有 $\sqrt[n]{|C_n|}=1$ 或 0,从而

$$l=\overline{\lim_{n\to\infty}}\sqrt[n]{|C_n|}=1.$$

故 $R=1$.

幂级数的和函数在收敛圆内有定义,且为一个解析函数,具体见下面的定理:

定理 4.8　设幂级数 $\sum\limits_{n=0}^{\infty} C_n(z-a)^n$ 在其收敛圆 $K:|z-a|<R$ 内的和函数为 $f(z)$,即

$$\sum_{n=0}^{\infty} C_n(z-a)^n = f(z),\quad |z-a|<R,$$

则

(1) 该幂级数在收敛圆 K 内内闭一致收敛于 $f(z)$,且 $f(z)$ 在收敛圆 K 内解析.

(2) 该幂级数在收敛圆 K 内可逐项求导,即有

$$f'(z)=\sum_{n=0}^{\infty}\left[C_n(z-a)^n\right]'=\sum_{n=1}^{\infty} nC_n(z-a)^{n-1},\quad |z-a|<R.$$

进一步,对任意正整数 p,有

$$f^{(p)}(z) = \sum_{n=p}^{\infty} n(n-1)\cdots(n-p+1)C_n(z-a)^{n-p}, \quad |z-a| < R.$$

(3) 该幂级数在收敛圆 K 内沿曲线 C 可逐项积分,即有

$$\int_C f(z)\mathrm{d}z = \sum_{n=0}^{\infty} C_n \int_C (z-a)^n \mathrm{d}z, \quad |z-a| < R.$$

证 先证明幂级数 $\sum\limits_{n=0}^{\infty} C_n(z-a)^n$ 在收敛圆 K 内的内闭一致收敛性. 设 E 是圆 K: $|z-a| < R$ 内任一有界闭域,则存在 r $(0 < r < R)$,使得 E 包含在闭圆 $|z-a| \leqslant r$ 内. 于是,当 $z \in E$ 时,有

$$|C_n(z-a)^n| \leqslant |C_n|r^n.$$

因正项级数 $\sum\limits_{n=1}^{\infty} |C_n|r^n$ 收敛,由优级数准则知,幂级数 $\sum\limits_{n=0}^{\infty} C_n(z-a)^n$ 在 E 上一致收敛,故该幂级数在收敛圆 K 内内闭一致收敛.

本定理其余结论的证明可依据魏尔斯特拉斯定理等得到,留给读者作为练习.

上述定理揭示了幂级数和函数的性质. 值得注意的是,幂级数在其收敛圆周上的一点收敛或发散,与和函数在该点是否解析无关. 对此读者可以考查例 4.3.

§2 泰勒级数

一、泰勒定理

上一节的定理 4.8 告诉我们,幂级数的和函数在收敛圆内解析. 反之,在圆内解析的函数是否可以展开为幂级数呢? 实数域中,即使函数 $f(x)$ 在点 x_0 附近有任意阶导数,也未必能在该点附近展开成幂级数. 但是,对于圆域内的解析函数 $f(z)$,我们可以证明这是能做到的.

定理 4.9(泰勒(Taylor)定理) 设函数 $f(z)$ 在区域 D 内解析,$a \in D$,只要圆 K: $|z-a| < R$ 含于 D 内,则 $f(z)$ 在 K 内能展开成幂级数:

$$f(z) = \sum_{n=0}^{\infty} C_n(z-a)^n, \tag{4.4}$$

其中系数

$$C_n = \frac{1}{2\pi\mathrm{i}} \int_{\Gamma_\rho} \frac{f(\zeta)}{(\zeta-a)^{n+1}} \mathrm{d}\zeta = \frac{f^{(n)}(a)}{n!} \quad (n = 0, 1, 2, \cdots), \tag{4.5}$$

这里 Γ_ρ: $|\zeta-a| = \rho$ $(0 < \rho < R)$;并且展开式是唯一的.

证 任意取定 $z \in K$,在 K 内作一圆周 Γ_ρ: $|\zeta-a| = \rho$ $(0 < \rho < R)$,使 z 含于 Γ_ρ 内部

（图 4.1）. 由柯西积分公式得

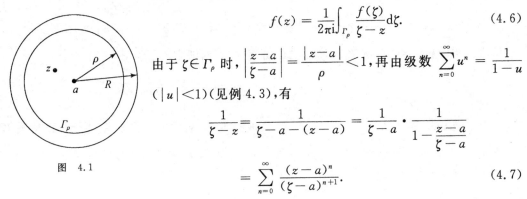

$$f(z) = \frac{1}{2\pi i}\int_{\Gamma_\rho}\frac{f(\zeta)}{\zeta - z}\mathrm{d}\zeta. \tag{4.6}$$

由于 $\zeta \in \Gamma_\rho$ 时，$\left|\dfrac{z-a}{\zeta-a}\right| = \dfrac{|z-a|}{\rho} < 1$，再由级数 $\displaystyle\sum_{n=0}^{\infty}u^n = \frac{1}{1-u}$

$(|u|<1)$（见例 4.3），有

$$\frac{1}{\zeta-z} = \frac{1}{\zeta-a-(z-a)} = \frac{1}{\zeta-a}\cdot\frac{1}{1-\dfrac{z-a}{\zeta-a}}$$

图　4.1

$$= \sum_{n=0}^{\infty}\frac{(z-a)^n}{(\zeta-a)^{n+1}}. \tag{4.7}$$

上式右边的级数当 $\zeta \in \Gamma_\rho$ 时一致收敛. 又 $f(\zeta)$ 在 Γ_ρ 上有界，将（4.7）式代入（4.6）式后逐项积分，便得到

$$f(z) = \frac{1}{2\pi i}\int_{\Gamma_\rho}f(\zeta)\sum_{n=0}^{\infty}\frac{(z-a)^n}{(\zeta-a)^{n+1}}\mathrm{d}\zeta = \sum_{n=0}^{\infty}\left[\frac{1}{2\pi i}\int_{\Gamma_\rho}\frac{f(\zeta)}{(\zeta-a)^{n+1}}\mathrm{d}\zeta\right](z-a)^n.$$

由于

$$\frac{1}{2\pi i}\int_{\Gamma_\rho}\frac{f(\zeta)}{(\zeta-a)^{n+1}}\mathrm{d}\zeta = \frac{f^{(n)}(a)}{n!} = C_n \quad (n = 0,1,2,\cdots),$$

再由 z 为 K 内任意一点，定理的前半部分得证.

下证唯一性. 若 $f(z)$ 可展开成另一幂级数：

$$f(z) = \sum_{n=0}^{\infty}C_n'(z-a)^n,$$

两边求各阶导数并令 $z=a$ 可得

$$C_n' = \frac{f^{(n)}(a)}{n!} \quad (n = 0,1,2,\cdots),$$

故展开式唯一.

定义 4.6　（4.4）式称为函数 $f(z)$ 在点 a 的**泰勒展式**，由（4.5）式给出的系数 C_n 称为**泰勒系数**，（4.4）式右边的级数称为**泰勒级数**.

结合定理 4.8 和定理 4.9 这对互逆命题，我们可以得出刻画解析函数的又一结论：函数 $f(z)$ 在区域 D 内解析的充分必要条件是：$f(z)$ 在 D 内任一点 a 的邻域内可展开成 $z-a$ 的幂级数，即泰勒级数.

显然幂级数（4.4）的收敛半径大于或等于 R. 事实上，幂级数（设其收敛半径大于 0）即是它的和函数在收敛圆内的泰勒展开.

应当指出的是，若函数 $f(z)$ 在点 a 解析，以 a 为中心作一个圆，并让圆的半径不断扩大,直到圆周碰上 $f(z)$ 的奇点为止(如果 $f(z)$ 在全复平面解析,这个圆的半径就无限大),在此圆域的内部 $f(z)$ 可展开成幂级数,则此幂级数的收敛半径 R 为 a 到 $f(z)$ 的离 a 最近的奇点的距离.实际上这也提供了确定幂级数收敛半径 R 的又一种方法.换句话说,即使幂级数在其收敛圆周上处处收敛,其和函数在收敛圆周上仍然至少有一个奇点.

举一个简单的例子:求 $\dfrac{1}{1+z^2}$ 在点 $z=0$ 的泰勒展式.可以按照上述方法先求收敛半径 R.因 $z=\pm\mathrm{i}$ 是 $\dfrac{1}{1+z^2}$ 的奇点中距离 $z=0$ 最近的奇点,故收敛半径为

$$R=|-\mathrm{i}-0|=|\mathrm{i}-0|=1,$$

再利用等比级数展式,有

$$\frac{1}{1+z^2}=1-z^2+z^4-\cdots+(-1)^n z^{2n}+\cdots \quad (|z|<1).$$

这样也就解释了实数域中 $\dfrac{1}{1+x^2}$ 在整个实轴上有任意阶导数,而仅当 $|x|<1$ 时才有展开式

$$\frac{1}{1+x^2}=1-x^2+x^4-\cdots+(-1)^n x^{2n}+\cdots.$$

原来是因为从复变函数的角度看,$z=\pm\mathrm{i}$ 是 $\dfrac{1}{1+z^2}$ 的奇点,我们所考虑的收敛半径为 1 的缘故.

还应注意到,与实变量幂级数一样,因为幂级数在收敛圆内绝对收敛,所以两个幂级数在两个收敛圆的公共部分可以像多项式那样进行四则运算(做除法时,分母需不为零).

二、一些初等函数的泰勒展式

我们可以利用泰勒定理直接求出系数 C_n 而得到一些函数的泰勒展式.这种求函数泰勒展式的方法称为**直接法**.由于定理 4.9 中给出的泰勒展式的系数公式与实变函数的情形完全相同,故所得展开式也与实变函数情形相同,具体见下面的例子.

例 4.5 求初等函数 $\mathrm{e}^z,\sin z,\cos z$ 在点 $z=0$ 处的泰勒展式.

解 函数 $\mathrm{e}^z,\sin z,\cos z$ 在复平面上处处解析,所以它们对应的泰勒级数的收敛半径 $R=+\infty$.下面我们用直接法将它们展开成泰勒级数.

若 $f(z)=\mathrm{e}^z$,则

$$C_n=\frac{f^{(n)}(0)}{n!}=\frac{1}{n!} \quad (n=0,1,2,\cdots).$$

于是

$$\mathrm{e}^z=\sum_{n=0}^{\infty}\frac{z^n}{n!}=1+\frac{z}{1!}+\frac{z^2}{2!}+\cdots+\frac{z^n}{n!}+\cdots \quad (|z|<+\infty).$$

类似地,不难得出

$$\sin z = \sum_{n=0}^{\infty}(-1)^n\frac{z^{2n+1}}{(2n+1)!} = z - \frac{z^3}{3!} + \frac{z^5}{5!} - \cdots \quad (|z|<+\infty),$$

$$\cos z = \sum_{n=0}^{\infty}(-1)^n\frac{z^{2n}}{(2n)!} = 1 - \frac{z^2}{2!} + \frac{z^4}{4!} - \cdots \quad (|z|<+\infty).$$

泰勒展式的唯一性,决定了我们可以采用任何可能的方法将函数 $f(z)$ 在某个解析点的邻域内展开为泰勒级数.与实变函数的情形一样,把复变函数展开成幂级数常用**间接法**,即结合已知的函数展式,利用幂级数的四则运算、逐项求导、逐项积分及代入法等得到复变函数的幂级数展开式.

例 4.6 求下列函数在点 $z=0$ 的泰勒展式.

(1) $\dfrac{e^z}{1-z}$; (2) $\dfrac{1}{(1+z)^2}$;

(3) 对数函数的主值支 $\ln(1+z)$ $(-\pi<\arg(1+z)<\pi)$.

解 (1) 函数 $\dfrac{e^z}{1-z}$ 有唯一奇点 $z=1$,故其泰勒级数的收敛半径 $R=|0-1|=1$.

由于

$$e^z = 1 + \frac{z}{1!} + \frac{z^2}{2!} + \cdots \quad (|z|<+\infty),$$

$$\frac{1}{1-z} = 1 + z + z^2 + \cdots \quad (|z|<1),$$

由幂级数的乘法运算性质(按对角线法),有

$$\frac{e^z}{1-z} = \left(1 + \frac{z}{1!} + \frac{z^2}{2!} + \cdots\right) \cdot (1 + z + z^2 + \cdots)$$

$$= 1 + \left(1 + \frac{1}{1!}\right)z + \left(1 + \frac{1}{1!} + \frac{1}{2!}\right)z^2 + \cdots$$

$$+ \left(1 + \frac{1}{1!} + \frac{1}{2!} + \cdots + \frac{1}{n!}\right)z^n + \cdots \quad (|z|<1).$$

(2) 函数 $\dfrac{1}{(1+z)^2}$ 有唯一奇点 $z=-1$,故其泰勒级数的收敛半径 $R=|0-(-1)|=1$.

由于

$$\frac{1}{1+z} = \frac{1}{1-(-z)} = \sum_{n=0}^{\infty}(-1)^n z^n \quad (|z|<1),$$

而 $\dfrac{1}{(1+z)^2} = -\left(\dfrac{1}{1+z}\right)'$,因此

$$\frac{1}{(1+z)^2} = -\sum_{n=0}^{\infty}[(-1)^n z^n]' = \sum_{n=1}^{\infty}(-1)^{n-1}nz^{n-1} \quad (|z|<1).$$

（3）由于 $\ln(1+z)$ 在从 $z=-1$ 向左沿负实轴剪开的复平面是解析的，$z=-1$ 是该函数距 $z=0$ 的最近奇点，因此 $\ln(1+z)$ 在点 $z=0$ 的泰勒级数的收敛圆是 $|z|<1$. 由于

$$[\ln(1+z)]'=\frac{1}{1+z},$$

而

$$\frac{1}{1+z}=\frac{1}{1-(-z)}=\sum_{n=0}^{\infty}(-1)^n z^n \quad (|z|<1),$$

在 $|z|<1$ 内任取从 0 到 z 的路线 C，上式两端沿 C 逐项积分得

$$\ln(1+z)=\int_0^z \frac{1}{1+z}\mathrm{d}z=\sum_{n=0}^{\infty}(-1)^n\int_0^z z^n\mathrm{d}z$$

$$=\sum_{n=0}^{\infty}(-1)^n\frac{z^{n+1}}{n+1}=\sum_{n=1}^{\infty}(-1)^{n-1}\frac{z^n}{n} \quad (|z|<1).$$

例 4.7 求函数 $f(z)=\dfrac{1}{1-z}$ 在点 $z=\mathrm{i}$ 的泰勒展式.

解 $f(z)$ 有唯一奇点 $z=1$，故其泰勒级数的收敛半径 $R=|1-\mathrm{i}|=\sqrt{2}$. 将等比级数公式代入可得

$$f(z)=\frac{1}{1-z}=\frac{1}{1-\mathrm{i}-(z-\mathrm{i})}=\frac{1}{1-\mathrm{i}}\cdot\frac{1}{1-\dfrac{z-\mathrm{i}}{1-\mathrm{i}}}$$

$$=\frac{1}{1-\mathrm{i}}\sum_{n=0}^{\infty}\left(\frac{z-\mathrm{i}}{1-\mathrm{i}}\right)^n=\sum_{n=0}^{\infty}\frac{(z-\mathrm{i})^n}{(1-\mathrm{i})^{n+1}} \quad (|z-\mathrm{i}|<\sqrt{2}).$$

§3 解析函数的零点及唯一性定理

利用解析函数的泰勒展式，可推出解析函数的一些更为深刻的性质. 这一节推出的性质，对于实变函数来说是不成立的. 为了获得解析函数的重要性质，首先从解析函数零点的性质入手.

一、解析函数的零点

定义 4.7 设函数 $f(z)$ 在解析区域 D 内一点 a 的值为零，则称 a 为解析函数 $f(z)$ 的**零点**.

注意，我们研究的是解析函数的零点（当然处处不解析的函数也有零点，例如 $z=0$ 为处处不解析函数 $f(z)=\bar{z}$ 的零点）. 既然函数 $f(z)$ 在其零点 a 处解析，根据泰勒定理，$f(z)$ 在点 a 的邻域 $K: |z-a|<R \ (K\subset D)$ 内能展开成幂级数：

$$f(z) = f'(a)(z-a) + \frac{f''(a)}{2!}(z-a)^2 + \cdots \quad (C_0 = f(a) = 0).$$

此时只有下列两种情况:

(1) 当 $n=1,2,\cdots$ 时,$f^{(n)}(a)=0$,那么 $f(z)$ 在 K 内恒等于零.

(2) 若 $f(a)=f'(a)=f''(a)=\cdots=f^{(m-1)}(a)=0$,但 $f^{(m)}(a)\neq0$(正整数 $m\geqslant1$),则称 a 为 $f(z)$ 的 m 阶(或重)零点,其中 m 称为零点 a 的阶(或重数).特别地,当 $m=1$ 时,a 也称为 $f(z)$ 的单零点.

针对第(2)种情况,我们有如下定理,它对判别零点的阶是十分有用的:

定理 4.10 在区域 D 内不恒为零的解析函数 $f(z)$ 以 $a\in D$ 为 m 阶零点的充分必要条件是:

$$f(z) = (z-a)^m \varphi(z),$$

其中 $\varphi(z)$ 在点 a 解析,且 $\varphi(a)\neq0$.

证 只证必要性,充分性的证明留给读者.

已知 a 为 $f(z)$ 的 m 阶零点,根据泰勒定理有

$$\begin{aligned}
f(z) &= \frac{f^{(m)}(a)}{m!}(z-a)^m + \frac{f^{(m+1)}(a)}{(m+1)!}(z-a)^{m+1} + \cdots \\
&= (z-a)^m \left[\frac{f^{(m)}(a)}{m!} + \frac{f^{(m+1)}(a)}{(m+1)!}(z-a) + \cdots \right] \\
&\triangleq (z-a)^m \varphi(z),
\end{aligned}$$

其中 $\varphi(a)\neq0$,$\varphi(z)$ 在点 a 的邻域 $|z-a|<R$ 内解析.

例如,对于函数 $f(z)=(z^3-1)(z+\mathrm{i})^2$,$z=-\mathrm{i}$ 是它的二阶零点,而 $z=1$ 是它的单零点.应用定理 4.10 判别零点的阶时,不能只看到函数的表面形式就急于做出结论,应注意条件:$\varphi(z)$ 在点 a 解析,且 $\varphi(a)\neq0$.例如,设函数 $f(z)=z^3\sin z$,$z=0$ 实际是 $f(z)$ 的四阶零点.

我们知道,一个可微的实变函数的零点未必是孤立的,但对于复变函数却不然.综合上述结果,我们得到如下定理:

定理 4.11 设函数 $f(z)$ 在点 a 解析且不恒为零,并且 a 是它的一个零点,则存在 a 的邻域,在此邻域内 a 是 $f(z)$ 的唯一零点.

此定理说明,不恒为零的解析函数 $f(z)$ 的零点必是孤立的.这就不难推出如下结论:

推论 若函数 $f(z)$ 在 K:$|z-a|<R$ 内解析,$z=a$ 是 $f(z)$ 的零点的一个聚点,则在 K 内 $f(z)\equiv0$.

特别地,若 $f(z)$ 在解析区域 K 内的某一子区域或一小段弧上为零,则 $f(z)$ 在 K 内恒为零.

由这一性质出发,我们可得到解析函数的内部唯一性定理.

二、唯一性定理

定理 4.12（唯一性定理）　设函数 $f_1(z)$ 和 $f_2(z)$ 在区域 D 内解析，又设在 D 内有一个收敛于 $a \in D$ 的点列 $\{z_n\}$ $(z_n \neq a)$，且有 $f_1(z_n) = f_2(z_n)$ $(n = 1, 2, \cdots)$，则 $f_1(z)$ 和 $f_2(z)$ 在 D 内恒等.

证　设 $F(z) = f_1(z) - f_2(z)$，则 $F(z_n) = 0$ $(n = 1, 2, \cdots)$. 下面只需证明对于 D 中任意一点 $b \in D$，$F(b) = 0$ 即可.

因为 D 是连通的，所以存在 D 内的一条折线 L 连接 a, b. 设 L 到边界的最短距离为 d. 由于 L 是可求长的，故在 L 上存在 $n+1$ 个点

$$a = a_0, a_1, \cdots, a_n = b,$$

且相邻两点 a_{i-1} 到 a_i 之间的折线长度不超过 $d/2$.

由已知条件 $z_n \to a$ $(n \to \infty)$ 及 $F(z)$ 在点 a 的连续性知

$$0 = \lim_{n \to \infty} F(z_n) = F(\lim_{n \to \infty} z_n) = F(a).$$

可见 a 是 $F(z)$ 的非孤立零点. 由定理 4.11 的推论可知，在 $K_0: |z - a_0| < d/2$ 内 $F(z) \equiv 0$. 作圆 $K_1: |z - a_1| < d/2$，显然有 $K_0 \cap K_1 \neq \varnothing$. 在 K_1 内重复应用定理 4.11 的推论即知在 K_1 内 $F(z) \equiv 0$. 由此重复 n 次，可得在 $K_n: |z - a_n| < d/2$ 内 $F(z) \equiv 0, b = a_n \in K_n$. 特别地，$F(b) = 0$. 由 b 的任意性，故证明了在 D 内 $F(z) \equiv 0$，即

$$f_1(z) \equiv f_2(z), \quad z \in D.$$

例 4.8　是否存在在原点 $z = 0$ 解析的函数 $f(z)$，满足条件

$$f\left(\frac{1}{n}\right) = f\left(-\frac{1}{n}\right) = \frac{1}{n^2} \quad (n = 1, 2, \cdots)?$$

解　存在. 取 $\varphi(z) = z^2$，则 $\varphi(z)$ 在原点 $z = 0$ 解析，且 $\lim_{n \to \infty} \frac{1}{n} = 0$. 又

$$\varphi\left(\frac{1}{n}\right) = \frac{1}{n^2} = f\left(\frac{1}{n}\right),$$

由唯一性定理知，在点 $z = 0$ 的邻域内 $f(z) = \varphi(z) = z^2$. 当然 $f(z) = z^2$ 也满足

$$f\left(\frac{1}{n}\right) = f\left(-\frac{1}{n}\right) = \frac{1}{n^2},$$

故即为所求.

由唯一性定理我们可以推得：若在区域 D 内解析的函数 $f_1(z)$ 和 $f_2(z)$ 在 D 内某一子区域（或一小段弧）上相等，则它们必在区域 D 内恒等. 进而也可以得到：一切在实轴上成立的恒等式，只要恒等式的等号两边在复平面上都是解析的，那么它在整个复平面上也成立. 例如，$\sin^2 z = \dfrac{1 - \cos 2z}{2}$ 在整个复数域内是成立的. 这是因为等号两边的函数在复平面上解

析,并且在实轴上等号左右两边又相等.

另外,应用唯一性定理,在实数域中常见的一些初等函数的幂级数展开式都可以推广到复数域上来.例如,已知

$$\sin x = x - \frac{x^3}{3!} + \frac{x^5}{5!} + \cdots, \quad x \in (-\infty, +\infty).$$

显然幂级数 $z - \frac{z^3}{3!} + \frac{z^5}{5!} + \cdots$ 的收敛半径 $R = +\infty$,即它表示复平面上的一个解析函数 $f(z)$.因为 $\sin z$ 在整个复平面上解析,在实轴上又有 $f(x) = \sin x$,因此根据唯一性定理,有

$$\sin z = z - \frac{z^3}{3!} + \frac{z^5}{5!} + \cdots \quad (|z| < +\infty).$$

唯一性定理反映了解析函数特有的性质,可以看做柯西积分公式的补充定理.唯一性定理表明,函数在其解析区域内有聚点的点列上的值完全决定了它在整个区域内的值.更进一步地,一个区域上的解析函数,若能解析延拓到更大区域上的解析函数,则延拓一定唯一.事实上,如果解析延拓到更大区域上得出两个解析函数,则由于这两个解析函数在原区域上相等,由唯一性定理在大区域上是恒等的.

三、最大模原理

我们很容易找到一个在开区间上有任意阶导数的实变函数,且其在该开区间内能取到最大值.但对解析函数来说,这种情况就不会发生了.下面借助解析函数的唯一性定理和柯西积分公式,我们推导解析函数的另一个特有的性质——最大模原理.

定理 4.13(最大模原理)　设 $f(z)$ 是区域 D 内的解析函数且不恒为常数,则 $|f(z)|$ 在 D 内任何点都取不到最大值.

证　用反证法.假设 $|f(z)|$ 在 D 内一点 z_0 处达到最大值,即

$$|f(z_0)| \geqslant |f(z)|, \quad z \in D. \tag{4.8}$$

作 z_0 的邻域 $K: |z - z_0| < R$,使得 $K \subset D$.取任意 $L: |z - z_0| = \rho \ (0 < \rho < R)$.下面证明在 L 上必有

$$f(\zeta) \equiv f(z_0), \quad \zeta \in L. \tag{4.9}$$

仍用反证法.假设在 L 上(4.9)式不成立,则必存在 $z_1 = z_0 + \rho e^{i\theta_1} \in L$,使得

$$|f(z_0)| > |f(z_1)|.$$

由 $f(z)$ 在 L 上连续,于是必存在 $\theta_1 - \delta \leqslant \theta \leqslant \theta_1 + \delta \ (\delta > 0)$,使得当 $\zeta = z_0 + \rho e^{i\theta}$ 时,有

$$|f(\zeta)| = |f(z_0 + \rho e^{i\theta})| < |f(z_0)|. \tag{4.10}$$

再由柯西积分公式和解析函数平均值定理(定理 3.10)及(4.10)式,则在 L 上有

$$|f(z_0)| = \left| \frac{1}{2\pi i} \int_L \frac{f(\zeta)}{\zeta - z_0} d\zeta \right| = \left| \frac{1}{2\pi} \int_0^{2\pi} f(z_0 + \rho e^{i\theta}) d\theta \right|$$

$$= \left| \frac{1}{2\pi} \left[\int_0^{\theta_1-\delta} + \int_{\theta_1-\delta}^{\theta_1+\delta} + \int_{\theta_1+\delta}^{2\pi} \right] f(z_0 + \rho e^{i\theta}) \, d\theta \right|$$

$$\leqslant \frac{1}{2\pi} \left[\int_0^{\theta_1-\delta} + \int_{\theta_1-\delta}^{\theta_1+\delta} + \int_{\theta_1+\delta}^{2\pi} \right] |f(z_0 + \rho e^{i\theta})| \, d\theta < |f(z_0)|,$$

矛盾,从而在 L 上必有(4.9)式成立.

由 L 的任意性,必有 $|f(z)| \equiv |f(z_0)|$ ($z \in K$),于是由习题二的第 6 题知, $f(z)$ 在 K 内恒为常数.再由解析函数唯一性定理知, $f(z)$ 在 D 内恒为常数.这与假设矛盾,从而定理结论成立.

事实上,若区域 D 内的解析函数 $f(z)$ 其模在 D 的内点达到最大值,则 $f(z)$ 必恒为常数.由最大模原理我们还可以推得:若函数 $f(z)$ 在有界区域 D 内解析且不恒为常数,并在闭域 $\overline{D} = D + \partial D$ 上连续,则 $|f(z)|$ 必在 D 的边界上达到最大值.

例 4.9 设函数 $f(z) = \cos z$,证明:在任何圆周 $|z| = r$ 上都存在点 z,使得 $|\cos z| > 1$.

证 因为 $f(z) = \cos z$ 在复平面上解析,且不恒为常数,又 $|f(0)| = |\cos 0| = 1$,所以由最大模原理,在任何圆周 $|z| = r$ 上都存在点 z,使得 $|\cos z| > 1$.

最大模原理是解析函数的又一个重要性质.最大模原理表明:解析函数在区域边界上的最大模可以限制区域内的最大模.它使最大模成为研究解析函数,尤其是研究全复平面上的解析函数——整函数的有力工具.

§4 洛 朗 级 数

在 §2 中,我们讨论了解析函数在圆形区域内可展开成泰勒级数.下面讲述解析函数在圆环内的级数展开.所得到的级数便是洛朗级数.我们还将以它为工具研究解析函数在孤立奇点去心邻域内的性质.

一、洛朗级数

幂级数的一个自然推广,就是如下的洛朗(Laurent)级数:

定义 4.8 形如

$$\sum_{n=-\infty}^{\infty} C_n(z-a)^n = \cdots + \frac{C_{-n}}{(z-a)^n} + \cdots + \frac{C_{-1}}{(z-a)} + C_0$$
$$+ C_1(z-a) + \cdots + C_n(z-a)^n + \cdots \quad (4.11)$$

的级数称为**洛朗级数**,其中 C_n 和 a 是复常数.

当 $C_{-n} = 0$ ($n = 1, 2, \cdots$) 时,级数(4.11)即为幂级数.

洛朗级数(4.11)是由包含 $z - a$ 的非负幂项部分和负幂项部分构成的,现分别讨论二者的收敛范围及和函数:

(1) $\sum\limits_{n=0}^{\infty} C_n(z-a)^n$. 这是一个幂级数,在其收敛圆 K_1: $|z-a|<R$ $(0<R\leqslant+\infty)$ 内绝对收敛且内闭一致收敛于某一解析函数 $f_1(z)$.

(2) $\sum\limits_{n=-\infty}^{-1} C_n(z-a)^n$. 作变换 $\xi=(z-a)^{-1}$,则得到一个关于 ξ 的幂级数

$$C_{-1}\xi+C_{-2}\xi^2+\cdots+C_{-n}\xi^n+\cdots,$$

它在其收敛圆 K'_2: $|\xi|<\dfrac{1}{r}\left(0<\dfrac{1}{r}\leqslant+\infty\right)$ 内绝对收敛且内闭一致收敛于某解析函数 $\varphi(\xi)$. 由 $|\xi|=\dfrac{1}{|z-a|}<\dfrac{1}{r}$ 知, $\sum\limits_{n=-\infty}^{-1} C_n(z-a)^n$ 在 K_2: $|z-a|>r$ $(0\leqslant r<+\infty)$ 内绝对收敛且内闭一致收敛于某一解析函数 $f_2(z)$.

综合上述两种情况,当 $r<R$ 时,级数(1)与(2)有公共收敛圆环 H: $r<|z-a|<R$,此时洛朗级数(4.11)在其收敛圆环 H: $r<|z-a|<R$ 内绝对收敛且内闭一致收敛,其和函数 $f_1(z)+f_2(z)$ 为解析函数.

对于幂级数在收敛圆内所具有的性质,洛朗级数在收敛圆环内也具有,如级数(4.11)在收敛圆环内的和函数是解析的,而且可逐项求导与逐项积分.与幂级数一样,考虑相反的问题:在圆环内解析的函数是否可以展开为洛朗级数?下面我们来证明答案是肯定的.

二、洛朗定理

定理 4.14(洛朗定理) 在圆环 H: $r<|z-a|<R$ $(r\geqslant0,R\leqslant+\infty)$ 内解析的函数 $f(z)$ 必可展开成洛朗级数

$$f(z)=\sum_{n=-\infty}^{\infty} C_n(z-a)^n, \tag{4.12}$$

其中

$$C_n=\frac{1}{2\pi i}\int_L \frac{f(\zeta)}{(\zeta-a)^{n+1}}d\zeta \quad (n=0,\pm1,\pm2,\cdots), \tag{4.13}$$

这里 L 为圆环 H 内围绕点 a 的任意一条正向简单闭曲线;并且展式是唯一的.

证 如图 4.2 所示,设 z 为 H 内任意一点,在 H 内作两个正向圆周

$$L_1: |z-a|=\rho_1 \quad 与 \quad L_2: |z-a|=\rho_2,$$

使得 $r<\rho_1<|z-a|<\rho_2<R$,即点 z 位于 L_1 与 L_2 之间,则 $f(z)$ 在以 $L_1^-+L_2$ 为边界的闭圆环上解析.根据柯西积分公式,得

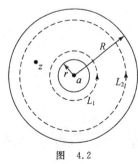

图 4.2

$$f(z) = \frac{1}{2\pi i}\int_{L_2} \frac{f(\zeta)}{\zeta - z}\mathrm{d}\zeta - \frac{1}{2\pi i}\int_{L_1} \frac{f(\zeta)}{\zeta - z}\mathrm{d}\zeta$$

$$\triangleq I_1 + I_2. \qquad (4.14)$$

对(4.14)式的第一个积分 I_1，当 $\zeta \in L_2$ 时，$\left|\dfrac{z-a}{\zeta-a}\right| = \dfrac{|z-a|}{\rho_2} < 1$，故

$$\frac{1}{\zeta - z} = \frac{1}{\zeta - a} \cdot \frac{1}{1 - \dfrac{z-a}{\zeta-a}} = \sum_{n=0}^{\infty} \frac{(z-a)^n}{(\zeta-a)^{n+1}}.$$

上式对 $\zeta \in L_2$ 是一致收敛的. 又因为 $f(\zeta)$ 在 L_2 上解析，故 $f(\zeta)$ 在 L_2 上有界. 可将上式代入 (4.14)式第一个积分 I_1 中，逐项积分得

$$I_1 = \frac{1}{2\pi i}\int_{L_2} \frac{f(\zeta)}{\zeta - z}\mathrm{d}\zeta = \sum_{n=0}^{\infty} \left[\frac{1}{2\pi i}\int_{L_2} \frac{f(\zeta)}{(\zeta-a)^{n+1}}\mathrm{d}\zeta\right](z-a)^n.$$

对(4.14)式的第二个积分 I_2，当 $\zeta \in L_1$ 时，$\left|\dfrac{\zeta-a}{z-a}\right| = \dfrac{\rho_1}{|z-a|} < 1$，故

$$-\frac{1}{\zeta - z} = \frac{1}{z - a} \cdot \frac{1}{1 - \dfrac{\zeta-a}{z-a}} = \sum_{n=0}^{\infty} \frac{(\zeta-a)^n}{(z-a)^{n+1}}.$$

与第一个积分 I_1 的讨论情形类似，上式对 $\zeta \in L_1$ 是一致收敛的，且 $f(\zeta)$ 在 L_1 上有界，可将上式代入(4.14)式第二个积分 I_2 中，逐项积分得

$$I_2 = -\frac{1}{2\pi i}\int_{L_1} \frac{f(\zeta)}{\zeta - z}\mathrm{d}\zeta = \sum_{n=0}^{\infty} \left[\frac{1}{2\pi i}\int_{L_1} \frac{f(\zeta)}{(\zeta-a)^{-n}}\mathrm{d}\zeta\right](z-a)^{-(n+1)}$$

$$= \sum_{n=1}^{\infty} \left[\frac{1}{2\pi i}\int_{L_1} \frac{f(\zeta)}{(\zeta-a)^{-n+1}}\mathrm{d}\zeta\right](z-a)^{-n}.$$

因此，由(4.14)式有

$$f(z) = \sum_{n=0}^{\infty} C_n(z-a)^n + \sum_{n=1}^{\infty} C_{-n}(z-a)^{-n} = \sum_{n=-\infty}^{\infty} C_n(z-a)^n,$$

其中系数

$$C_n = \begin{cases} \dfrac{1}{2\pi i}\displaystyle\int_{L_2} \frac{f(\zeta)}{(\zeta-a)^{n+1}}\mathrm{d}\zeta, & n = 0, 1, 2, \cdots, \\[4mm] \dfrac{1}{2\pi i}\displaystyle\int_{L_1} \frac{f(\zeta)}{(\zeta-a)^{n+1}}\mathrm{d}\zeta, & n = -1, -2, \cdots. \end{cases}$$

在圆环 H 内任取围绕点 a 的简单闭曲线 L，应用多连通区域柯西积分定理，可以把以上两式统一表示为(4.13)式.

唯一性的证明留给读者.

定义 4.9　(4.12)式称为函数 $f(z)$ 在点 a 的**洛朗展式**,而由(4.13)式给出的系数 C_n $(n=0,\pm1,\pm2,\cdots)$ 称为**洛朗系数**.

圆可看成圆环的特殊情况,所以当函数 $f(z)$ 在 $K\colon|z-a|<R$ 内解析时,在 K 内可以做出洛朗级数. 根据柯西积分定理,这时洛朗级数的负幂部分的系数均为零,从而洛朗级数就转化成为泰勒级数,因此泰勒级数是洛朗级数的特殊情形.但就一般来说,当 $f(z)$ 在圆环 $H\colon r<|z-a|<R$ 内解析时,与泰勒系数不同的是,洛朗系数 $C_n=\dfrac{1}{2\pi\mathrm{i}}\displaystyle\int_L\dfrac{f(\zeta)}{(\zeta-a)^{n+1}}\mathrm{d}\zeta$ 并不等于 $\dfrac{f^{(n)}(a)}{n!}$ $(n=0,1,2,\cdots)$,这是由于 $f(z)$ 在点 a 不解析.

同样依据洛朗展式的唯一性,我们可以采用任何可能的方法将圆环内的解析函数展开为洛朗级数.例如我们可以利用直接求洛朗系数的直接法求得一些函数的洛朗展式.而有时求积分是较为困难的,所以通常情况也是用间接法,即应用幂级数的四则运算、逐项求导、逐项积分及换元法将 $f(z)$ 在指定的圆环内展开为洛朗级数.

例 4.10　求函数 $f(z)=\dfrac{1}{(z-1)(z-2)}$ 在下列圆环内的洛朗展式:

(1) $1<|z|<2$；　　(2) $0<|z-1|<1$；　　(3) $1<|z-2|<+\infty$.

解　$f(z)$ 在所给三个圆环内解析,且有

$$f(z)=\frac{1}{z-2}-\frac{1}{z-1}.$$

(1) 在 $1<|z|<2$ 内,$\left|\dfrac{z}{2}\right|<1$ 及 $\left|\dfrac{1}{z}\right|<1$ 成立,于是有

$$f(z)=\frac{-1}{2\left(1-\dfrac{z}{2}\right)}-\frac{1}{z\left(1-\dfrac{1}{z}\right)}=-\sum_{n=0}^{\infty}\frac{z^n}{2^{n+1}}-\sum_{n=0}^{\infty}\frac{1}{z^{n+1}}$$

$$=-\sum_{n=0}^{\infty}\frac{z^n}{2^{n+1}}-\sum_{n=1}^{\infty}z^{-n}.$$

(2) 在 $0<|z-1|<1$ 内,有

$$f(z)=\frac{1}{z-1-1}-\frac{1}{z-1}=\frac{-1}{1-(z-1)}-\frac{1}{z-1}$$

$$=-\sum_{n=0}^{\infty}(z-1)^n-\frac{1}{z-1}.$$

(3) 在 $1<|z-2|<+\infty$ 内,$\left|\dfrac{1}{z-2}\right|<1$ 成立,故有

$$f(z)=\frac{1}{z-2}-\frac{1}{z-2+1}=\frac{1}{z-2}-\frac{1}{(z-2)\left(1+\dfrac{1}{z-2}\right)}$$

$$= \frac{1}{z-2} - \frac{1}{(z-2)} \sum_{n=0}^{\infty} (-1)^n \left(\frac{1}{z-2} \right)^n$$

$$= \sum_{n=0}^{\infty} \frac{(-1)^n}{(z-2)^{n+2}}.$$

这一例子说明,同一函数在不同的圆环内的洛朗展式是不同的.另外,当 $f(z)$ 为有理分式函数时,应先分解 $f(z)$ 为部分分式,然后展为洛朗级数.

例 4.11 求下列函数在点 $z=0$ 的去心邻域 $0<|z|<+\infty$ 内的洛朗展式:

(1) $\dfrac{\sin z}{z}$; (2) $z^2 \cos \dfrac{1}{z}$; (3) $e^z + e^{\frac{1}{z}}$.

解 这三个函数在 $0<|z|<+\infty$ 内均解析,于是

(1) $\dfrac{\sin z}{z} = \sum_{n=0}^{\infty} \dfrac{(-1)^n z^{2n}}{(2n+1)!} = 1 - \dfrac{z^2}{3!} + \dfrac{z^4}{5!} - \cdots \ (0 < |z| < +\infty).$

(2) $z^2 \cos \dfrac{1}{z} = z^2 \sum_{n=0}^{\infty} \dfrac{(-1)^n}{(2n)! z^{2n}} = z^2 - \dfrac{1}{2!} + \dfrac{1}{4!} \cdot \dfrac{1}{z^2} - \cdots \ (0 < |z| < +\infty).$

(3) $e^z + e^{\frac{1}{z}} = 2 + \sum_{n=1}^{\infty} \dfrac{z^n}{n!} + \sum_{n=1}^{\infty} \dfrac{1}{n!} \cdot \dfrac{1}{z^n} \ (0 < |z| < +\infty).$

实际上,$z=0$ 即为上述三个函数的孤立奇点.下面给出孤立奇点的定义.

三、解析函数的孤立奇点

定义 4.10 若点 $z=a$ 为函数 $f(z)$ 的一个奇点,并且 $f(z)$ 在点 a 的某一去心邻域 $K-\{a\}: 0<|z-a|<R$ 内解析,则称 a 是 $f(z)$ 的一个**孤立奇点**.

以下我们只讨论单值函数的孤立奇点,对于多值函数的孤立奇点(即支点)我们不做要求.例如,函数 $f(z) = \dfrac{1}{z(z+1)^2}$ 以 $z=0$ 和 $z=-1$ 为孤立奇点.注意,不能认为函数的奇点都是孤立的.例如,$z=0$ 是函数 $f(z) = \dfrac{1}{\sin \frac{1}{z}}$ 的奇点,$z = \dfrac{1}{n\pi} \ (n=\pm 1, \pm 2, \cdots)$ 也是它的奇点,且以 $z=0$ 为极限点,显然不存在点 $z=0$ 的一个去心邻域,使得 $f(z)$ 在该邻域内解析,于是 $z=0$ 为非孤立奇点.

由孤立奇点的定义和洛朗定理,若 a 是函数 $f(z)$ 的一个孤立奇点,则必存在一个去心邻域 $0<|z-a|<R$,使得 $f(z)$ 在此去心邻域内解析并有洛朗展式:

$$f(z) = \sum_{n=-\infty}^{\infty} C_n (z-a)^n. \tag{4.15}$$

我们称(4.15)式中洛朗级数的非负幂部分 $\sum_{n=0}^{\infty} C_n (z-a)^n$ 为 $f(z)$ 在点 a 的**正则部分**或**解析**

部分,而称负幂部分 $\sum\limits_{n=-1}^{-\infty} C_n(z-a)^n$ 为 $f(z)$ 在点 a 的**主要部分**或**奇异部分**.

定义 4.11 设 $z=a$ 为函数 $f(z)$ 的孤立奇点.

(1) 如果 $f(z)$ 在点 a 的主要部分为零,则称 a 为 $f(z)$ 的**可去奇点**.

(2) 如果 $f(z)$ 在点 a 的主要部分为有限多项,则称 a 为 $f(z)$ 的**极点**. 若其主要部分为

$$\frac{C_{-m}}{(z-a)^m}+\cdots+\frac{C_{-2}}{(z-a)^2}+\frac{C_{-1}}{z-a} \quad (C_{-m}\neq 0),$$

则称 a 为 $f(z)$ 的 m **阶极点**. 特别地,当 $m=1$ 时,一阶极点也称为**单极点**.

(3) 如果 $f(z)$ 在点 a 的主要部分为无限多项,则称 a 为 $f(z)$ 的**本质奇点**.

例如,从洛朗展式的主要部分可见,0 分别是函数 $\dfrac{\sin z}{z},\dfrac{\sin z}{z^2}$ 及 $\sin\dfrac{1}{z}$ 的可去奇点、单极点及本质奇点.

以下几个定理分别描述了解析函数在三类孤立奇点的性质,也给出了三类孤立奇点的判别法. 首先对于可去奇点有如下定理所述的特征:

定理 4.15 若 a 为函数 $f(z)$ 的孤立奇点,则下列三个条件等价:

(1) a 为 $f(z)$ 的可去奇点,即 $f(z)$ 在点 a 的主要部分为零;

(2) $\lim\limits_{z\to a}f(z)=C_0\ (\neq\infty)$;

(3) $f(z)$ 在点 a 的某一去心邻域内有界.

证 (1)$\Rightarrow$(2):由(1)知,在点 a 的某一去心邻域 $0<|z-a|<R$ 内,有

$$f(z)=C_0+C_1(z-a)+\cdots+C_n(z-a)^n+\cdots,$$

于是 $\lim\limits_{z\to a}f(z)=C_0\ (\neq\infty)$.

(2)$\Rightarrow$(3):由(2)知,对任给的 $\varepsilon>0$,存在 $\delta>0$,使得当 $0<|z-a|<\delta$ 时,恒有 $|f(z)-C_0|<\varepsilon$,从而

$$|f(z)|-|C_0|<\varepsilon \Rightarrow |f(z)|<|C_0|+\varepsilon\ (=M),$$

即 $f(z)$ 在点 a 的去心邻域 $0<|z-a|<\delta$ 内有界.

(3)$\Rightarrow$(1):由于 a 为函数 $f(z)$ 的孤立奇点,且 $f(z)$ 在点 a 的某一去心邻域内有界,因此必存在 $\delta>0$,使得 $f(z)$ 在 $0<|z-a|<\delta$ 内解析,且 $|f(z)|<M\ (M>0$ 为某常数$)$. 设 L 为圆周 $|z-a|<\rho\ (0<\rho<\delta)$,则由洛朗系数公式(4.13)有

$$0\leqslant|C_{-n}|=\left|\frac{1}{2\pi\mathrm{i}}\int_L\frac{f(\zeta)}{(\zeta-a)^{-n+1}}\mathrm{d}\zeta\right|\leqslant\frac{1}{2\pi}\int_L\frac{|f(\zeta)|}{|\zeta-a|^{-n+1}}|\mathrm{d}\zeta|$$

$$\leqslant\frac{1}{2\pi}M\frac{2\pi\rho}{\rho^{-n+1}}=M\rho^n \quad (n=1,2,\cdots).$$

令 $\rho\to 0$,必有 $C_{-n}=0\ (n=1,2,\cdots)$,即 $f(z)$ 在点 a 的主要部分为零.

由此可见,适当地改变 $f(z)$ 在点 a 的值,即补充定义 $f(a) = \lim\limits_{z \to a} f(z) = C_0 (\neq \infty)$,就可以把奇异性消除,使 a 成为 $f(z)$ 的解析点. 这就是可去奇点名称的由来. 今后再谈到可去奇点时,我们可以把它当做解析点看待.

例如,$z = 0$ 是函数 $f(z) = \dfrac{e^z \sin z}{z + \sin z}$ 的可去奇点,这是因为

$$\lim_{z \to 0} \frac{e^z \sin z}{z + \sin z} = \lim_{z \to 0} \frac{e^z \sin z + e^z \cos z}{1 + \cos z} = \frac{1}{2}.$$

其次,对极点的判定,有下面的定理:

定理 4.16 若 a 为函数 $f(z)$ 的孤立奇点,则下列四个条件等价:

(1) a 为 $f(z)$ 的 m 阶极点,即 $f(z)$ 在 a 的主要部分为

$$\frac{C_{-m}}{(z-a)^m} + \cdots + \frac{C_{-2}}{(z-a)^2} + \frac{C_{-1}}{z-a} \quad (C_{-m} \neq 0);$$

(2) $f(z)$ 在点 a 的某一去心邻域 $0 < |z-a| < R$ 内能表成

$$f(z) = \frac{\varphi(z)}{(z-a)^m},$$

其中 $\varphi(z)$ 在点 a 解析,且 $\varphi(a) \neq 0$;

(3) $\lim\limits_{z \to a} (z-a)^m f(z) \neq 0$;

(4) $g(z) = \dfrac{1}{f(z)}$ 以点 a 为 m 阶零点(可去奇点看做解析点).

证 $(1) \Rightarrow (2)$:由(1)知,$f(z)$ 在点 a 的某一去心邻域 $0 < |z-a| < R$ 内可表示成

$$f(z) = \frac{C_{-m}}{(z-a)^m} + \cdots + \frac{C_{-1}}{(z-a)} + \sum_{n=0}^{\infty} C_n (z-a)^n$$

$$= \frac{1}{(z-a)^m} \left[C_{-m} + C_{-(m-1)} (z-a) + \cdots \right]$$

$$\triangleq \frac{\varphi(z)}{(z-a)^m} \quad (C_{-m} \neq 0),$$

其中 $\varphi(z)$ 在 $|z-a| < R$ 内解析,且 $\varphi(a) = C_{-m} \neq 0$.

$(2) \Rightarrow (3)$:由(2)知 $\lim\limits_{z \to a} (z-a)^m f(z) = \varphi(a) \neq 0$.

$(3) \Rightarrow (1)$:已知 a 为函数 $f(z)$ 的孤立奇点,则函数 $(z-a)^m f(z)$ 在 a 的某一去心邻域 $0 < |z-a| < \delta$ 内以 a 为孤立奇点,且由(3)知 a 为它的可去奇点. 定义

$$\varphi(z) = \begin{cases} (z-a)^m f(z), & 0 < |z-a| < \delta, \\ C_{-m}, & z = a, \end{cases}$$

则 $\varphi(z)$ 在点 a 解析,且有泰勒展式

$$\varphi(z) = C_{-m} + C_{-m+1}(z-a) + \cdots, \quad |z-a| < \delta.$$

于是,当 $0<|z-a|<\delta$ 时,有

$$f(z) = \frac{1}{(z-a)^m}\varphi(z) = \frac{C_{-m}}{(z-a)^m} + \frac{C_{-m+1}}{(z-a)^{m-1}} + \cdots.$$

这就得到了(1).

以上论证表明(1)⟺(2)⟺(3).另外,明显地有(2)⟺(4).证毕.

下述定理也能说明极点的特征,其缺点是不能指明极点的阶.

定理 4.17　函数 $f(z)$ 的孤立奇点 a 为极点的充分必要条件是:

$$\lim_{z \to a} f(z) = \infty.$$

证　函数 $f(z)$ 以 a 为极点的充分必要条件是 $\dfrac{1}{f(z)}$ 以 a 为零点,由此知定理为真.

例如,对于函数 $f(z) = \dfrac{5z+1}{(z-1)(2z+1)^2}$,有 $\lim\limits_{z \to 1} f(z) = \infty$, $\lim\limits_{z \to -1/2} f(z) = \infty$,从而它以 $z = 1, z = -1/2$ 为极点.

最后,关于本质奇点的判别条件,我们有下面的结论:

定理 4.18　若 a 为函数 $f(z)$ 的孤立奇点,则下列两个条件等价:

(1) a 为 $f(z)$ 的本质奇点,即 $f(z)$ 在点 a 的主要部分有无限项;

(2) $\lim\limits_{z \to a} f(z)$ 不存在(不存在有穷或无穷极限).

这一定理的证明由定理 4.15(2)和定理 4.17,结合孤立奇点分类的特点——穷举性和互斥性,利用排除法即可得到.

19 世纪 70 年代,魏尔斯特拉斯和皮卡(Picard)先后给出了定理,描述出解析函数在本质奇点邻域内的特征,这些是解析函数值的分布理论的早期结果.下面的定理就是著名的**皮卡定理**:

定理 4.19　a 为函数 $f(z)$ 的本质奇点的充分必要条件是:对任何复数 $A \neq \infty$,至多有一个例外,在 a 的某一去心邻域内,必存在一列互异的 $z_n \to a$ $(n \to \infty)$,使得

$$f(z_n) = A \quad (n = 1, 2, \cdots).$$

我们略去该定理的证明,仅举一例来说明这个定理:容易知道 $z = 0$ 是函数 $f(z) = e^{\frac{1}{z}}$ 的一个本质奇点.虽然方程 $e^{\frac{1}{z}} = 0$ 无解,但是除去这个例外,对任意有限复数 $A \neq 0$,方程 $e^{\frac{1}{z}} = A$ 的解为

$$z = \frac{1}{\mathrm{Ln}A} = \frac{1}{\ln|A| + (\arg A + 2k\pi)\mathrm{i}} \quad (k = 0, \pm 1, \pm 2, \cdots),$$

并且显然 $z = 0$ 是这些解的一个聚点.

例 4.12　指出函数 $f(z) = e^{\frac{1}{z}}$ 和 $g(z) = \dfrac{1}{e^z - 1} - \dfrac{1}{z}$ 的所有有限奇点,并指出其为何种类

型的奇点.

解 (1) $f(z)=\mathrm{e}^{\frac{1}{z}}$ 的有限奇点为 $z=0$. 因 $\lim\limits_{z\to 0}f(z)$ 不存在 ($\lim\limits_{\zeta\to\infty}\mathrm{e}^{\zeta}$ 不存在),故 $z=0$ 是 $f(z)$ 的本质奇点. 这也可从它在 $z=0$ 的洛朗展式

$$\mathrm{e}^{\frac{1}{z}}=1+\frac{1}{z}+\frac{1}{2!}\cdot\frac{1}{z^2}+\cdots+\frac{1}{n!}\cdot\frac{1}{z^n}+\cdots$$

的主要部分有无限多项得出.

(2) $g(z)=\dfrac{1}{\mathrm{e}^z-1}-\dfrac{1}{z}$ 的所有有限奇点为 $z_k=2k\pi\mathrm{i}\ (k=0,\pm1,\pm2,\cdots)$.

当 $z_0=0$ 时,有

$$\lim_{z\to 0}\left(\frac{1}{\mathrm{e}^z-1}-\frac{1}{z}\right)=\lim_{z\to 0}\frac{z-\mathrm{e}^z+1}{z(\mathrm{e}^z-1)}=\lim_{z\to 0}\frac{1-\mathrm{e}^z}{2z}=-\frac{1}{2},$$

因此 $z_0=0$ 是可去奇点.

当 $z_k=2k\pi\mathrm{i}\neq 0$ 时,因为 z_k 是 e^z-1 的一阶零点,于是 z_k 是 $\dfrac{1}{\mathrm{e}^z-1}$ 的一阶极点,而 z_k 是 $\dfrac{1}{z}$ 的解析点,所以 z_k 是 $g(z)$ 的一阶极点.

以上讨论了解析函数在有限孤立奇点邻域内的性质. 事实上,函数 $f(z)$ 在无穷远点 ∞ 总是无意义的,所以无穷远点 ∞ 是函数 $f(z)$ 的奇点. 现在我们来讨论函数在无穷远点 ∞ 邻域内的性质.

四、解析函数在无穷远点的性质

定义 4.12 若函数 $f(z)$ 在无穷远点 ∞ 的去心邻域 $N_{\frac{1}{r}}-\{\infty\}$: $r<|z|<+\infty\ (r\geqslant 0)$ 内解析,则称 ∞ 为 $f(z)$ 的一个**孤立奇点**.

设函数 $f(z)$ 在 $r<|z|<+\infty\ (r\geqslant 0)$ 内解析(即 ∞ 为其孤立奇点). 作变换 $z'=\dfrac{1}{z}$,则有 $z=\infty\Longleftrightarrow z'=0$,且该变换将 z 平面无穷远点 ∞ 的去心邻域 $r<|z|<+\infty\ (r\geqslant 0)$ 变换成 z' 平面的去心邻域 $0<|z'|<\dfrac{1}{r}$. 令 $f(z)=f\left(\dfrac{1}{z'}\right)=\varphi(z')$,显然此时有**结论**:

(1) $f(z)$ 在 $r<|z|<+\infty\ (r\geqslant 0)$ 内解析 $\Longleftrightarrow \varphi(z')$ 在 $0<|z'|<\dfrac{1}{r}$ 内解析;

(2) $z=\infty$ 是 $f(z)$ 的孤立奇点 $\Longleftrightarrow z'=0$ 是 $\varphi(z')$ 的孤立奇点.

定义 4.13 若 $z'=0$ 为 $\varphi(z')$ 的可去奇点,m 阶极点或本质奇点,则相应地称 ∞ 为 $f(z)$ 的可去奇点,m 阶极点或本质奇点.

设 $\varphi(z')$ 在 $0<|z'|<\dfrac{1}{r}$ 内的洛朗展式为

$$\varphi(z') = \cdots + \frac{C_{-n}}{z'^n} + \cdots + \frac{C_{-1}}{z'} + C_0 + C_1 z' + \cdots + C_n z'^n + \cdots.$$

显然,$\varphi(z')$在点 $z'=0$ 的主要部分为上式级数的负幂部分. 值得我们注意的是,在 $r<|z|<$ $+\infty$ $(r\geqslant 0)$内,$f(z)=\varphi\left(\frac{1}{z}\right)$有洛朗展式

$$f(z) = \cdots + C_{-n} z^n + \cdots + C_{-1} z + C_0 + \frac{C_1}{z} + \cdots + \frac{C_n}{z^n} + \cdots,$$

或写成

$$f(z) = \cdots + c_n z^n + \cdots + c_1 z + c_0 + \frac{c_{-1}}{z} + \cdots + \frac{c_{-n}}{z^n} + \cdots. \tag{4.16}$$

可见,对应于 $\varphi(z')$在点 $z'=0$ 的主要部分,$f(z)$在点 $z=\infty$ 的主要部分实际为级数(4.16)的正幂部分.

根据孤立奇点的判定条件(定理 4.15~定理 4.18),相应地有以下结果:

定理 4.15′　若 $z=\infty$ 为函数 $f(z)$的孤立奇点,则下列三个条件等价:

(1) $z=\infty$ 为 $f(z)$的可去奇点,即 $f(z)$在点 $z=\infty$ 的主要部分为零((4.16)式中不含 z 的正幂项);

(2) $\lim\limits_{z\to\infty} f(z)$存在且其值有限;

(3) $f(z)$在点 $z=\infty$ 的某一去心邻域内有界.

定理 4.16′　若 $z=\infty$ 为函数 $f(z)$的孤立奇点,则下列四个条件等价:

(1) $z=\infty$ 为 $f(z)$为 m 阶极点,即 $f(z)$在点 $z=\infty$ 的主要部分为
$$c_1 z + c_2 z^2 + \cdots + c_m z^m \quad (c_m\neq 0);$$

(2) $f(z)=z^m \varphi(z)$,其中 $\varphi(z)$在点 $z=\infty$ 解析,且 $\varphi(\infty)\neq 0$;

(3) $\lim\limits_{z\to\infty}\frac{1}{z^m} f(z)\neq 0$;

(4) $g(z)=\dfrac{1}{f(z)}$以 $z=\infty$为 m 阶零点.

定理 4.17′　函数 $f(z)$的孤立奇点 $z=\infty$ 为极点的充分必要条件是:
$$\lim\limits_{z\to\infty} f(z) = \infty.$$

定理 4.18′　若 $z=\infty$ 为函数 $f(z)$的孤立奇点,则下列两个条件等价:

(1) $z=\infty$ 为 $f(z)$的本质奇点,即 $f(z)$在点 $z=\infty$ 的主要部分有无穷多项((4.16)式中有无穷多项 z 的正幂项不为零);

(2) $\lim\limits_{z\to\infty} f(z)$不存在(不存在有穷或无穷极限).

例 4.13　对下列函数确定奇点 $z=\infty$ 的类型:

(1) $\dfrac{z}{1+2z}$;　　　　(2) e^{-z};　　　　(3) $\mathrm{e}^{\frac{1}{z}}+z^2$.

解　(1) 因 $\lim\limits_{z\to\infty}\dfrac{z}{1+2z}=\lim\limits_{z\to\infty}\dfrac{1}{\frac{1}{z}+2}=\dfrac{1}{2}$,故 $z=\infty$ 是 $\dfrac{z}{1+2z}$ 的可去奇点.

(2) 因为在 $|z|<+\infty$ 内有

$$\mathrm{e}^{-z}=1-z+\frac{z^2}{2!}-\cdots+(-1)^n\frac{z^n}{n!}+\cdots,$$

可见在洛朗级数中有无穷多项 z 的正幂项不为零,故 $z=\infty$ 是 e^{-z} 的本质奇点.

(3) 在 $1<|z|<+\infty$ 内有洛朗展式

$$\mathrm{e}^{\frac{1}{z}}+z^2=z^2+1+\frac{1}{z}+\frac{1}{2!z^2}+\cdots+\frac{1}{n!z^n}+\cdots,$$

所以 $z=\infty$ 是 $\mathrm{e}^{\frac{1}{z}}+z^2$ 的二阶极点.

五、整函数与亚纯函数

我们知道,整函数是指在整个 z 平面上解析的函数.多项式函数是一种最简单的整函数.显然,无穷远点 ∞ 是整函数的唯一孤立奇点,整函数 $f(z)$ 在无穷远点 ∞ 的洛朗展式也就是泰勒展式:

$$f(z)=\sum_{n=0}^{\infty}C_n z^n\quad(|z|<+\infty),$$

即 $f(z)$ 在点 $z=\infty$ 的主要部分为 $\sum\limits_{n=0}^{\infty}C_n z^n$,正则部分为 C_0.若上式级数的系数有无穷多个 $C_n\neq 0$,此时称之为**超越整函数**.例如,$\mathrm{e}^z,\sin z,\cos z$ 均为超越整函数.

定理 4.20　设 $f(z)$ 为整函数,则

(1) $f(z)$ 恒为常数的充分必要条件是:无穷远点 ∞ 为 $f(z)$ 的可去奇点;

(2) $f(z)$ 为非零次多项式函数(即 $f(z)=a_n z^n+\cdots+a_1 z+a_0,a_n\neq 0,n\geqslant 1$)的充分必要条件是:无穷远点 ∞ 为 $f(z)$ 的极点;

(3) $f(z)$ 为超越整函数的充分必要条件是:无穷远点 ∞ 为 $f(z)$ 的本质奇点.

该定理必要性的证明可用 $f(z)$ 在无穷远点 ∞ 的洛朗展式正幂项的项数来判断,而充分性可用反证法来证明.由此定理可得出结论:若函数为整函数,则此函数是多项式函数的充分必要条件是,无穷远点 ∞ 为它的可去奇点或极点.还可以推出著名的刘维尔定理.事实上,有界整函数表明无穷远点 ∞ 是它的可去奇点,从而必为常数.

定义 4.14　在整个 z 平面上除极点外无其他类型奇点的单值解析函数称为**亚纯函数**.

亚纯函数是整函数的推广.例如,有理函数

$$f(z) = \frac{a_0 + a_1 z + \cdots + a_n z^n}{b_0 + b_1 z + \cdots + b_m z^m} \quad (a_n \neq 0, b_m \neq 0)$$

是亚纯函数. 然而亚纯函数未必是有理函数, 如 $\dfrac{1}{\sin z}$ 是亚纯函数, 它只有极点 $z = k\pi$ ($k = 0$, $\pm 1, \pm 2, \cdots$). 那么何时亚纯函数才为有理函数呢? 对此, 我们有下面的定理:

定理 4.21 函数 $f(z)$ 为有理函数的充分必要条件是: $f(z)$ 在扩充 z 平面上除极点外无其他类型的奇点.

定义 4.15 非有理函数的亚纯函数称为**超越亚纯函数**.

例如, 函数 $\dfrac{1}{e^z - 1}$ 有无数个极点 $z = 2k\pi i$ ($k = 0, \pm 1, \pm 2, \cdots$) 和一个非孤立奇点 ∞, 于是

由定理 4.21 知, $\dfrac{1}{e^z - 1}$ 不是有理函数, 而 $\dfrac{1}{e^z - 1}$ 是亚纯函数, 所以它是超越亚纯函数.

习 题 四

1. 判断下列级数的敛散性. 若收敛, 是绝对收敛还是条件收敛?

(1) $\displaystyle\sum_{n=1}^{\infty} \frac{i^n}{n}$;   (2) $\displaystyle\sum_{n=1}^{\infty} \frac{i^n}{n^2}$;   (3) $\displaystyle\sum_{n=1}^{\infty} \left(\frac{1+5i}{2}\right)^n$;   (4) $\displaystyle\sum_{n=1}^{\infty} \frac{(4-3i)^n}{n!}$.

2. 确定下列幂级数的收敛半径:

(1) $\displaystyle\sum_{n=0}^{\infty} \frac{z^n}{n!}$;   (2) $\displaystyle\sum_{n=1}^{\infty} \frac{(z-2)^n}{n^3}$ (并讨论其在收敛圆周上的敛散性);

(3) $\displaystyle\sum_{n=1}^{\infty} \left(1 + \frac{1}{n}\right)^{n^2} z^n$.

3. 设极限 $\displaystyle\lim_{n \to \infty} \frac{C_{n+1}}{C_n}$ 存在且为有限值, 求证: 幂级数 $\displaystyle\sum_{n=0}^{\infty} C_n z^n$, $\displaystyle\sum_{n=0}^{\infty} n C_n z^{n-1}$ ($\displaystyle\sum_{n=0}^{\infty} C_n z^n$ 的逐项微分), $\displaystyle\sum_{n=0}^{\infty} \frac{C_n}{n+1} z^{n+1}$ ($\displaystyle\sum_{n=0}^{\infty} C_n z^n$ 的逐项积分) 有相同的收敛半径.

4. 设幂级数 $\displaystyle\sum_{n=0}^{\infty} C_n z^n$ 的收敛半径为 R ($0 < R < +\infty$), 并在收敛圆周上一点绝对收敛, 证明: 该幂级数在闭圆 $|z| \leqslant R$ 上绝对收敛且一致收敛.

5. 将下列函数在点 $z = 0$ 展开成泰勒级数, 并指出它们的收敛范围:

(1) $\dfrac{1}{3z-2}$;   (2) $\dfrac{1}{(1+z)^2}$;   (3) $\displaystyle\int_0^z e^{z^2} dz$;

(4) $\displaystyle\int_0^z \frac{\sin z}{z} dz$;   (5) $\sin^2 z$;   (6) $e^z \cos z$.

6. 将下列函数在指定点 z_0 展开成泰勒级数,并指出它们的收敛范围:

(1) $\dfrac{1}{z-2}$,在点 $z_0=-1$;   (2) $\dfrac{1}{(1-z)^2}$,在点 $z_0=\mathrm{i}$;

(3) $\dfrac{z}{z^2-2z+5}$,在点 $z_0=1$,   (4) $\sin z$,在点 $z_0=1$.

7. 指出下列函数在零点 $z=0$ 的阶:

(1) $z-\sin z$;   (2) $z^3(e^{z^3}-1)$;   (3) $6\sin z^3+z^3(z^6-6)$.

8. 设函数 $f(z)$ 在单连通区域 D 内解析,$z_0\in D$. 若 z_0 是 $f(z)$ 的 m 阶零点,问:z_0 是函数

$$F(z)=\int_{z_0}^{z}f(\zeta)\mathrm{d}\zeta \quad (z\in D)$$

的几阶零点?

9. 设 z_0 为解析函数 $f(z)$ 的至少 n 阶零点,又为解析函数 $\varphi(z)$ 的 n 阶零点,试证一般形式的洛必达法则:

$$\lim_{z\to z_0}\frac{f(z)}{\varphi(z)}=\frac{f^{(n)}(z_0)}{\varphi^{(n)}(z_0)}\quad(\varphi^{(n)}(z_0)\neq 0).$$

10. 讨论在原点解析,而在点 $z=\dfrac{1}{n}$ $(n=1,2,\cdots)$ 取下列各组值的函数是否存在:

(1) $0,2,0,2,0,2,\cdots$;   (2) $0,\dfrac{1}{2},0,\dfrac{1}{4},0,\dfrac{1}{6},\cdots$;

(3) $1,1,\dfrac{1}{3},\dfrac{1}{3},\dfrac{1}{5},\dfrac{1}{5},\cdots$;   (4) $\dfrac{1}{2},\dfrac{2}{3},\dfrac{3}{4},\dfrac{4}{5},\dfrac{5}{6},\cdots$.

11. 设函数 $f(z)$ 在区域 D 内解析,且在某点 $a\in D$ 有 $f^{(n)}(a)=0(n=1,2,\cdots)$,证明: $f(z)$ 在 D 内必为常数.

12. 设函数 $f(z)$ 在区域 D 内解析,且 $z_1,z_2\in D$,而 $f'(z_1)\neq0$,试证:在点 z_2 的邻域内 $f(z)$ 不能是一个常数.

13. (最小模原理)证明:若区域 D 内不恒为常数的解析函数 $f(z)$ 在 D 内的一点 z_0 满足 $f(z_0)\neq0$,则 $|f(z_0)|$ 不可能是 $|f(z)|$ 在 D 内的最小值.

14. 将下列函数在指定圆环内展开成洛朗级数:

(1) $\dfrac{1}{z}$,$1<|z-1|<+\infty$;

(2) $\dfrac{1}{1+z^2}$,$0<|z-\mathrm{i}|<2,2<|z-\mathrm{i}|<+\infty$;

(3) $\dfrac{z^2-2z+5}{(z-2)(z^2+1)}$,$1<|z|<2,2<|z|<+\infty$.

15. 求出下列函数的奇点,若是孤立奇点,请确定它们的类型(对于极点,要指出极点的

阶),对于无穷远点也要加以讨论:

(1) $\dfrac{z-1}{z(z^2+4)^2}$; (2) $\dfrac{1}{\sin z+\cos z}$; (3) $\dfrac{1-\mathrm{e}^z}{1+\mathrm{e}^z}$;

(4) $\dfrac{1}{(z^2+\mathrm{i})^3}$; (5) $\cos\dfrac{1}{z+\mathrm{i}}$; (6) $\dfrac{1-\cos z}{z^2}$;

(7) $\dfrac{1}{\mathrm{e}^z-1}$; (8) $\tan^2 z$.

16. 将下列函数在指定孤立奇点的某一适当去心邻域内展开成洛朗级数(注明收敛圆环):

(1) $\dfrac{1}{(1+z^2)^2}$,在点 $z=\mathrm{i}$; (2) $z^2\mathrm{e}^{\frac{1}{z}}$,在点 $z=0$ 及 $z=\infty$;

(3) $\mathrm{e}^{\frac{1}{1-z}}$,在点 $z=1$ 及 $z=\infty$.

17. 下列函数在指定点的去心邻域内能否展开成洛朗级数?

(1) $\dfrac{1}{\sin\dfrac{1}{z}}$,在点 $z=0$; (2) $\tan\dfrac{1}{z}$,在点 $z=0$;

(3) $\cot z$,在点 $z=\infty$; (4) $\cos\dfrac{1}{z}$,在点 $z=\infty$.

18. 设函数 $f(z)$ 与 $g(z)$ 满足下列条件之一:

(1) $f(z)$ 与 $g(z)$ 分别以 $z=a$ 为 m 阶与 n 阶零点;

(2) $f(z)$ 与 $g(z)$ 分别以 $z=a$ 为 m 阶与 n 阶极点;

(3) $f(z)$ 以 $z=a$ 为解析点或极点,且 $f(z)$ 不恒等于零,$g(z)$ 以 $z=a$ 为本质奇点.

试问:$f(z)+g(z)$,$f(z)g(z)$ 及 $\dfrac{g(z)}{f(z)}$ 在点 $z=a$ 具有什么性质?

第 五 章 留数理论及其应用

这一章主要研究复变函数理论的应用问题,是柯西积分理论的继续.留数理论是计算周线积分和"大范围积分"的有力工具,还可用来考查区域内函数零点分布状况.留数及其相关理论是复变函数论及其应用中的重要部分.

§1 留数及留数定理

一、留数的定义及其求法

如果函数 $f(z)$ 在点 a 是解析的,周线 Γ 全在点 a 的某一解析邻域内,并包围点 a,则根据柯西积分定理有

$$\int_\Gamma f(z)\mathrm{d}z = 0.$$

但是如果 $f(z)$ 以点 a 为孤立奇点,周线 Γ 在点 a 的某一解析去心邻域内,并围绕点 a,则 $\int_\Gamma f(z)\mathrm{d}z$ 可能为零,也可能不为零,可以利用洛朗系数求出其值.由此我们引入留数的定义.

定义 5.1　设函数 $f(z)$ 以有限点 a 为孤立奇点,即 $f(z)$ 在点 a 的某一去心邻域 $0<|z-a|<R$ 内解析,则称积分

$$\frac{1}{2\pi\mathrm{i}}\int_\Gamma f(z)\mathrm{d}z \quad (\Gamma: |z-a|=\rho, 0<\rho<R)$$

为 $f(z)$ 在点 a 的**留数**或**残数**,记为 $\operatorname*{Res}_{z=a} f(z)$,即

$$\operatorname*{Res}_{z=a} f(z) = \frac{1}{2\pi\mathrm{i}}\int_\Gamma f(z)\mathrm{d}z,$$

这里积分是沿着 Γ 按逆时针方向进行的.

注意,根据柯西积分定理我们可以知道,这里定义的留数是对孤立奇点来说的,且 $\operatorname*{Res}_{z=a} f(z)$ 与 ρ 无关.由于 $f(z)$ 在 $K: 0<|z-a|<R$ 内解析,故利用洛朗展式可得

$$f(z) = \sum_{n=-\infty}^{\infty} C_n (z-a)^n, \quad z \in K,$$

其中

$$C_n = \frac{1}{2\pi i} \int_{\Gamma} \frac{f(\zeta)}{(\zeta-a)^{n+1}} d\zeta \quad (n = 0, \pm 1, \pm 2, \cdots).$$

当 $n = -1$ 时，有 $C_{-1} = \frac{1}{2\pi i} \int_{\Gamma} f(z) dz = \underset{z=a}{\operatorname{Res}} f(z)$，即

$$\underset{z=a}{\operatorname{Res}} f(z) = C_{-1},$$

亦即留数是 $f(z)$ 在点 $z=a$ 的洛朗展式中 $\frac{1}{z-a}$ 这一项的系数 C_{-1}. 由此还可以看出，如果有限点 a 为 $f(z)$ 的可去奇点，则 $\underset{z=a}{\operatorname{Res}} f(z) = 0$.

利用洛朗展式求 C_{-1} 有时很烦琐，下面介绍几个公式用来计算极点处的留数.

定理 5.1　设 a 为函数 $f(z)$ 的 n 阶极点，即在 a 的某一去心邻域 K：$0 < |z-a| < R$ 有

$$f(z) = \frac{\varphi(z)}{(z-a)^n},$$

其中 $\varphi(z)$ 在点 a 解析，且 $\varphi(a) \neq 0$，则

$$\underset{z=a}{\operatorname{Res}} f(z) = \frac{\varphi^{(n-1)}(a)}{(n-1)!} = \frac{1}{(n-1)!} \lim_{z \to a} [(z-a)^n f(z)]^{(n-1)}. \tag{5.1}$$

证　任取 Γ：$|z-a| = \rho \ (0 < \rho < R)$，则

$$\underset{z=a}{\operatorname{Res}} f(z) = \frac{1}{2\pi i} \int_{\Gamma} \frac{\varphi(z)}{(z-a)^n} dz = \frac{\varphi^{(n-1)}(a)}{(n-1)!},$$

这里 $\varphi^{(0)}(a)$ 表示 $\varphi(a)$，$\varphi^{(n-1)}(a) = \lim_{z \to a} \varphi^{(n-1)}(z)$. 故 (5.1) 式成立.

推论 1　设 a 为函数 $f(z)$ 的一阶极点，即在 a 的某一去心邻域内有 $f(z) = \frac{\varphi(z)}{z-a}$，其中 $\varphi(z)$ 在点 a 解析，且 $\varphi(a) \neq 0$，则

$$\underset{z=a}{\operatorname{Res}} f(z) = \varphi(a) = \lim_{z \to a} (z-a) f(z). \tag{5.2}$$

推论 2　设 a 为函数 $f(z)$ 的二阶极点，即在 a 的某一去心邻域内有 $f(z) = \frac{\varphi(z)}{(z-a)^2}$，其中 $\varphi(z)$ 在点 a 解析，且 $\varphi(a) \neq 0$，则

$$\underset{z=a}{\operatorname{Res}} f(z) = \varphi'(a) = \lim_{z \to a} [(z-a)^2 f(z)]'. \tag{5.3}$$

定理 5.2　设 a 为函数 $f(z) = \frac{\varphi(z)}{\psi(z)}$ 的一阶极点（只要 $\varphi(z)$ 及 $\psi(z)$ 在点 a 解析，且 $\varphi(a) \neq 0, \psi(a) = 0, \psi'(a) \neq 0$），则

$$\operatorname*{Res}_{z=a}f(z) = \frac{\varphi(a)}{\psi'(a)}. \tag{5.4}$$

证　因 a 为 $f(z)$ 的一阶极点，故

$$\operatorname*{Res}_{z=a}f(a) = \lim_{z\to a}\frac{\varphi(z)}{\psi(z)}(z-a) = \lim_{z\to a}\frac{\varphi(z)}{\dfrac{\psi(z)-\psi(a)}{z-a}} = \frac{\varphi(a)}{\psi'(a)}.$$

例 5.1　求函数 $f(z) = \dfrac{z-\sin z}{z^6}$ 在点 $z=0$ 的留数.

解　利用洛朗展式求 C_{-1}：

$$\frac{z-\sin z}{z^6} = \frac{1}{z^6}\left[z-\left(z-\frac{z^3}{3!}+\frac{z^5}{5!}-\cdots\right)\right] = \frac{1}{3!}\cdot\frac{1}{z^3} - \frac{1}{5!}\cdot\frac{1}{z}+\cdots,$$

可见 $C_{-1} = -\dfrac{1}{5!}$. 故

$$\operatorname*{Res}_{z=0}f(z) = C_{-1} = -\frac{1}{5!}.$$

例 5.2　求函数 $f(z) = \dfrac{e^z}{z^n}$ 在点 $z=0$ 的留数.

解　$z=0$ 是 $f(z)$ 的 n 阶极点，所以

$$\operatorname*{Res}_{z=0}f(z) = \frac{1}{(n-1)!}\lim_{z\to 0}\frac{d^{n-1}}{dz^{n-1}}\left(z^n\cdot\frac{e^z}{z^n}\right) = \frac{1}{(n-1)!}.$$

例 5.3　求函数 $f(z) = e^{\frac{1}{z^2}}$ 在点 $z=0$ 的留数.

解　$z=0$ 是 $f(z)$ 的本质奇点，在该点的去心邻域内有展式

$$e^{\frac{1}{z^2}} = 1 + \frac{1}{z^2} + \frac{1}{2!z^4} + \cdots,$$

所以

$$\operatorname*{Res}_{z=0}f(z) = C_{-1} = 0.$$

留数的概念可以推广到无穷远点的情形，即我们有如下定义：

定义 5.2　设无穷远点 ∞ 为函数 $f(z)$ 的一个孤立奇点，即 $f(z)$ 在点 ∞ 的某一去心邻域 $N-\{\infty\}$：$0 \leqslant r < |z| < +\infty$ 内解析，则称

$$\frac{1}{2\pi i}\int_{\Gamma^-}f(z)dz \quad (\Gamma: |z|=\rho > r)$$

为 $f(z)$ 在点 ∞ 的**留数**或**残数**，记为 $\operatorname*{Res}_{z=\infty}f(z)$，这里积分是沿 Γ 按顺时针方向进行的（Γ^- 的方向是绕无穷远点 ∞ 的正向）.

对于函数在无穷远点的留数，我们也可以根据洛朗展式来计算其值. 设函数 $f(z)$ 在 $0 \leqslant r < |z| < +\infty$ 内的洛朗展式为

$$f(z) = \sum_{n=-\infty}^{\infty} C_n z^n, \quad r < |z| < +\infty,$$

则有

$$\operatorname*{Res}_{z=\infty} f(z) = \frac{1}{2\pi i} \int_{\Gamma^-} f(z) \mathrm{d}z = -\frac{1}{2\pi i} \int_{\Gamma} f(z) \mathrm{d}z = -C_{-1}.$$

也就是说,$\operatorname*{Res}_{z=\infty} f(z)$ 等于 $f(z)$ 在点 ∞ 的洛朗展式中 $\frac{1}{z}$ 这一项的系数的相反数 $-C_{-1}$.

显然,如果无穷远点 ∞ 为 $f(z)$ 的可去奇点($C_1 = 0$),则 $\operatorname*{Res}_{z=\infty} f(z)$ 不一定为零.

二、留数定理

定理 5.3(柯西留数定理) 设函数 $f(z)$ 在周线或复周线 C 所围的区域 D 内除点 a_1, $a_2, \cdots, a_n$ 外解析,在闭域 $\overline{D} = D + C$ 上除点 $a_1, a_2, \cdots, a_n$ 外连续,则

$$\int_C f(z) \mathrm{d}z = 2\pi i \sum_{k=1}^{n} \operatorname*{Res}_{z=a_k} f(z). \tag{5.5}$$

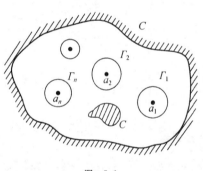

图 5.1

证 以点 a_k 为心,充分小的正数 ρ_k 为半径,作圆周 $\Gamma_k: |z - a_k| = \rho_k$ ($k = 1, 2, \cdots, n$),使这些圆周及其内部均含于 D,并且彼此互相隔离(图 5.1).应用多连通区域柯西积分定理得

$$\int_C f(z) \mathrm{d}z = \sum_{k=1}^{n} \int_{\Gamma_k} f(z) \mathrm{d}z,$$

而由留数的定义有

$$\int_{\Gamma_k} f(z) \mathrm{d}z = 2\pi i \operatorname*{Res}_{z=a_k} f(z),$$

代入上式即得证.

例 5.4 计算积分 $\displaystyle\int_{|z|=2} \frac{5z-2}{z(z-1)^2} \mathrm{d}z$.

解 易知,被积函数 $f(z) = \dfrac{5z-2}{z(z-1)^2}$ 在圆周 $|z| = 2$ 的内部只有一个一阶极点 $z = 0$ 和一个二阶极点 $z = 1$. 由公式(5.2)有

$$\operatorname*{Res}_{z=0} f(z) = \frac{5z-2}{(z-1)^2}\bigg|_{z=0} = -2,$$

又由公式(5.3)有

$$\operatorname*{Res}_{z=1} f(z) = \left(\frac{5z-2}{z}\right)'\bigg|_{z=1} = \frac{2}{z^2}\bigg|_{z=1} = 2,$$

故由留数定理可得

$$\int_{|z|=2} \frac{5z-2}{z(z-1)^2}dz = 2\pi i(-2+2) = 0.$$

例 5.5 计算积分 $\int_{|z|=1} \frac{\cos z}{z^3}dz.$

解 易知,被积函数 $f(z) = \frac{\cos z}{z^3}$ 只以 $z=0$ 为三阶极点. 由公式(5.1)得

$$\operatorname*{Res}_{z=0} f(z) = \frac{1}{2!}\big[\cos z\big]'' \big|_{z=0} = -\frac{1}{2},$$

故由留数定理得

$$\int_{|z|=1} \frac{\cos z}{z^3}dz = 2\pi i\Big(-\frac{1}{2}\Big) = -\pi i.$$

留数定理也可推广到扩充复平面上.

定理 5.4 如果函数 $f(z)$ 在扩充 z 平面上只有有限个孤立奇点(包括无穷远点在内),设为 $a_1,a_2,\cdots,a_n,\infty$,则 $f(z)$ 在各点的留数总和为零,即

$$\sum_{k=1}^{n} \operatorname*{Res}_{z=a_k} f(z) + \operatorname*{Res}_{z=\infty} f(z) = 0.$$

证 以原点 $z=0$ 为心作圆周 Γ,使 $a_1,a_2,\cdots,a_n$ 皆含于 Γ 的内部,则由留数定理得

$$\int_{\Gamma} f(z)dz = 2\pi i\sum_{k=1}^{n} \operatorname*{Res}_{z=a_k} f(z).$$

上式两边除以 $2\pi i$,并移项即得

$$\sum_{k=1}^{n} \operatorname*{Res}_{z=a_k} f(z) + \frac{1}{2\pi i}\int_{\Gamma^-} f(z)dz = 0,$$

即

$$\sum_{k=1}^{n} \operatorname*{Res}_{z=a_k} f(z) + \operatorname*{Res}_{z=\infty} f(z) = 0.$$

显然,这个结论也可用于计算函数在无穷远点的留数.

§2 用留数定理计算实积分

应用留数定理可以计算某些实积分,特别是一些不容易直接求原函数的定积分和广义积分.

下面具体介绍几种应用留数可以简便有效地进行计算的实积分. 以下用 $R(\cos\theta,\sin\theta)$ 来表示 $\cos\theta,\sin\theta$ 的有理函数,用 $P(x)$ 和 $Q(x)$ 来表示 x 的多项式函数.

一、计算 $\int_0^{2\pi} R(\cos\theta,\sin\theta)d\theta$ 型积分

设 $\cos\theta,\sin\theta$ 的有理函数 $R(\cos\theta,\sin\theta)$ 作为 θ 的函数在 $[0,2\pi]$ 上连续. 根据欧拉公式

$$\cos\theta = \frac{e^{i\theta} + e^{-i\theta}}{2}, \quad \sin\theta = \frac{e^{i\theta} - e^{-i\theta}}{2i},$$

如果设 $z = e^{i\theta}$，则

$$\cos\theta = \frac{z + z^{-1}}{2}, \quad \sin\theta = \frac{z - z^{-1}}{2i}, \quad d\theta = \frac{dz}{iz},$$

且当 θ 从 0 变到 2π 时，z 沿圆周 $|z| = 1$ 的正方向绕一周. 因此，有

$$\int_0^{2\pi} R(\cos\theta, \sin\theta)d\theta = \int_{|z|=1} R\left(\frac{z + z^{-1}}{2}, \frac{z - z^{-1}}{2i}\right)\frac{dz}{iz} \triangleq \int_{|z|=1} R^*(z)dz.$$

上式右端是 z 的有理函数 $R^*(z)$ 的周线积分，并且在积分路径上无奇点.

例 5.6 计算积分 $I = \displaystyle\int_0^{2\pi} \frac{d\theta}{1 - 2p\cos\theta + p^2}$ $(0 < |p| < 1)$.

解 设 $z = e^{i\theta}$，则 $d\theta = \dfrac{dz}{iz}$. 由于

$$1 - 2p\cos\theta + p^2 = 1 - p(z + z^{-1}) + p^2 = \frac{(z - p)(1 - pz)}{z},$$

这样就有

$$I = \frac{1}{i}\int_{|z|=1} \frac{dz}{(z - p)(1 - pz)}.$$

在圆 $|z| < 1$ 内，$f(z) = \dfrac{1}{(z - p)(1 - pz)}$ 只以 $z = p$ 为一阶极点，且在 $|z| = 1$ 上无奇点，故有

$$\mathop{\text{Res}}_{z=p} f(z) = \frac{1}{1 - pz}\bigg|_{z=p} = \frac{1}{1 - p^2} \quad (0 < |p| < 1).$$

所以，由留数定理得

$$I = \frac{1}{i} \cdot 2\pi i \cdot \frac{1}{1 - p^2} = \frac{2\pi}{1 - p^2} \quad (0 < |p| < 1).$$

若 $R(\cos\theta, \sin\theta)$ 为 θ 的偶函数，则 $\displaystyle\int_0^\pi R(\cos\theta, \sin\theta)d\theta$ 的值也可以由上述方法来计算. 此时，有

$$\int_0^\pi R(\cos\theta, \sin\theta)d\theta = \frac{1}{2}\int_{-\pi}^\pi R(\cos\theta, \sin\theta)d\theta,$$

同样设 $z = e^{i\theta}$，应用与前面相同的方法，可以将 $\displaystyle\int_{-\pi}^\pi R(\cos\theta, \sin\theta)d\theta$ 化为单位圆周 $\Gamma: |z| = 1$ 上的积分.

例 5.7 计算积分 $I = \displaystyle\int_0^\pi \frac{\cos mx}{5 - 4\cos x}dx$，其中 m 为正整数.

解 因为被积函数为 x 的偶函数，故

$$I = \frac{1}{2}\int_{-\pi}^{\pi}\frac{\cos mx}{5-4\cos x}\mathrm{d}x.$$

设

$$I_1 = \int_{-\pi}^{\pi}\frac{\cos mx}{5-4\cos x}\mathrm{d}x, \quad I_2 = \int_{-\pi}^{\pi}\frac{\sin mx}{5-4\cos x}\mathrm{d}x,$$

则

$$I_1 + \mathrm{i}I_2 = \int_{-\pi}^{\pi}\frac{\mathrm{e}^{\mathrm{i}mx}}{5-4\cos x}\mathrm{d}x.$$

设 $z = \mathrm{e}^{\mathrm{i}x}$，则

$$I_1 + \mathrm{i}I_2 = \frac{1}{\mathrm{i}}\int_{|z|=1}\frac{z^m}{5z-2(1+z^2)}\mathrm{d}z = \frac{\mathrm{i}}{2}\int_{|z|=1}\frac{z^m}{(z-1/2)(z-2)}\mathrm{d}z,$$

在圆周 $|z|=1$ 内部，被积函数 $f(z) = \dfrac{z^m}{(z-1/2)(z-2)}$ 仅有一个一阶极点 $z=1/2$，而由公式 (5.2) 有

$$\operatorname*{Res}_{z=1/2}f(z) = \frac{z^m}{z-2}\bigg|_{z=1/2} = -\frac{1}{3\cdot 2^{m-1}},$$

故由留数定理有

$$I_1 + \mathrm{i}I_2 = -\frac{1}{2\mathrm{i}}\cdot 2\pi\mathrm{i}\left(-\frac{1}{3\cdot 2^{m-1}}\right) = \frac{\pi}{3\cdot 2^{m-1}}.$$

于是，得

$$I_1 = \frac{\pi}{3\cdot 2^{m-1}}, \quad I_2 = 0,$$

从而有

$$I = \frac{1}{2}I_1 = \frac{\pi}{3\cdot 2^m}.$$

二、计算 $\int_{-\infty}^{+\infty}\dfrac{P(x)}{Q(x)}\mathrm{d}x$ 型积分

在解决实际问题时，我们经常需要计算反常积分 $\int_{-\infty}^{+\infty}\dfrac{P(x)}{Q(x)}\mathrm{d}x$. 为了应用留数来计算这种反常积分，先介绍一个引理，用来估计辅助曲线 Γ 上的积分.

引理 5.1 设函数 $f(z)$ 沿圆弧 $S_R: z = R\mathrm{e}^{\mathrm{i}\theta}$ $(\theta_1 \leqslant \theta \leqslant \theta_2, R$ 充分大) 连续，且

$$\lim_{R\to+\infty}zf(z) = \lambda$$

于 S_R 上一致成立 (即与 $\theta_1 \leqslant \theta \leqslant \theta_2$ 中的 θ 无关)，则

$$\lim_{R\to+\infty}\int_{S_R}f(z)\mathrm{d}z = \mathrm{i}(\theta_2-\theta_1)\lambda.$$

*证 因为

$$i(\theta_2 - \theta_1)\lambda = \lambda \int_{S_R} \frac{dz}{z},$$

所以有

$$\left| \int_{S_R} f(z)dz - i(\theta_2 - \theta_1)\lambda \right| = \left| \int_{S_R} \frac{zf(z) - \lambda}{z}dz \right|. \tag{5.6}$$

对于任给的 $\varepsilon > 0$,由已知条件,存在 $R_0(\varepsilon) > 0$,使得当 $R > R_0$ 时,有不等式

$$|zf(z) - \lambda| < \frac{\varepsilon}{\theta_2 - \theta_1}, \quad z \in S_R,$$

于是(5.6)式不超过 $\frac{\varepsilon}{\theta_2 - \theta_1} \cdot \frac{l}{R} = \varepsilon$(其中 l 为 S_R 的长度,即 $l = R(\theta_2 - \theta_1)$),即有

$$\lim_{R \to +\infty} \int_{S_R} f(z)dz = i(\theta_2 - \theta_1)\lambda.$$

定理 5.5 设 $f(z) = \frac{P(z)}{Q(z)}$ 为有理分式函数,其中

$$P(z) = a_0 z^n + a_1 z^{n-1} + \cdots + a_n \quad (a_0 \neq 0),$$
$$Q(z) = b_0 z^m + b_1 z^{m-1} + \cdots + b_m \quad (b_0 \neq 0)$$

为互质多项式,且符合条件:

(1) $m - n \geq 2$;

(2) 在实轴上 $Q(z) \neq 0$(即 $Q(x)$ 无实根),

则

$$\int_{-\infty}^{+\infty} f(x)dx = 2\pi i \sum_{\text{Im} a_k > 0} \operatorname{Res}_{z=a_k} f(z). \tag{5.7}$$

证 由条件(1),(2)及数学分析中的结论知,$\int_{-\infty}^{+\infty} f(x)dx$ 存在,且等于

$$\lim_{R \to +\infty} \int_{-R}^{R} f(x)dx \quad (R > 0).$$

取上半圆周 Γ_R: $z = Re^{i\theta}$ $(0 \leq \theta \leq \pi)$作为辅助曲线. 于是,由线段 $[-R, R]$ 及 Γ_R 组成一周线 C_R. 取 R 充分大,使得 C_R 内部包含 $f(z)$ 在上半平面内的一切孤立奇点(实际上只有有限个极点),而由条件(2),$f(z)$ 在 C_R 上没有奇点(图 5.2).由留数定理得

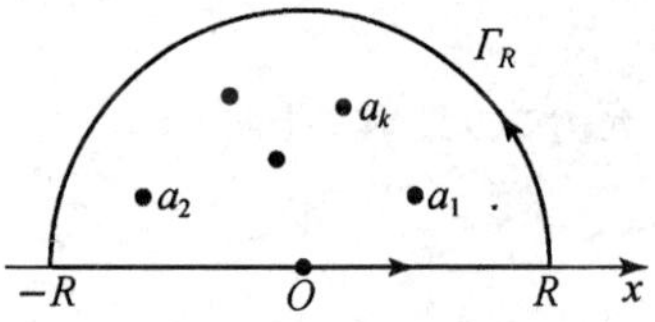

图 5.2

$$\int_{C_R} f(z)dz = 2\pi i \sum_{\text{Im} a_k > 0} \operatorname{Res}_{z=a_k} f(z),$$

或写成

$$\int_{-R}^{R} f(x)dx + \int_{\Gamma_R} f(z)dz = 2\pi i \sum_{\text{Im} a_k > 0} \operatorname{Res}_{z=a_k} f(z). \tag{5.8}$$

因为

$$\left| zf(z) \right| = \left| z\frac{P(z)}{Q(z)} \right| = \left| z\frac{a_0 z^n + \cdots + a_n}{b_0 z^m + \cdots + b_m} \right| = \left| \frac{z^{n+1}}{z^m} \right| \left| \frac{a_0 + \cdots + \dfrac{a_n}{z^n}}{b_0 + \cdots + \dfrac{b_m}{z^m}} \right|,$$

由假设条件(1)知 $m-n-1\geqslant 1$,故沿 Γ_R 就有

$$\left| zf(z) \right| \to 0 \quad (R \to +\infty).$$

在等式(5.8)中令 $R \to +\infty$,并根据引理 5.1,知(5.8)式左端第二项的极限为零,这就证明了(5.7)式.

例 5.8 计算积分 $I = \displaystyle\int_{-\infty}^{+\infty} \frac{x^2}{x^4 + x^2 + 1} dx$.

解 容易求得 $f(z) = \dfrac{z^2}{z^4 + z^2 + 1}$ 的四个一阶极点分别为

$$z_{1,2} = \pm \frac{1}{2} + \frac{\sqrt{3}}{2}i, \quad z_{3,4} = \pm \frac{1}{2} - \frac{\sqrt{3}}{2}i,$$

其中 z_1, z_2 在上半平面,故由公式(5.7)及(5.4)有

$$I = 2\pi i \left[\operatorname*{Res}_{z=z_1} f(z) + \operatorname*{Res}_{z=z_2} f(z) \right]$$

$$= 2\pi i \left[\left. \frac{z^2}{(z^4 + z^2 + 1)'} \right|_{z=z_1} + \left. \frac{z^2}{(z^4 + z^2 + 1)'} \right|_{z=z_2} \right]$$

$$= 2\pi i \left(\frac{1+\sqrt{3}i}{4\sqrt{3}i} + \frac{1-\sqrt{3}i}{4\sqrt{3}i} \right) = \frac{\pi}{\sqrt{3}}.$$

三、计算 $\displaystyle\int_{-\infty}^{+\infty} \dfrac{P(x)}{Q(x)} e^{imx} dx$ 型积分

引理 5.2(约当引理) 设函数 $g(z)$ 沿半圆周 Γ_R: $z = Re^{i\theta}$ ($0 \leqslant \theta \leqslant \pi$, R 充分大)连续,且 $\lim\limits_{R \to +\infty} g(z) = 0$ 在 Γ_R 上一致成立,则

$$\lim_{R \to +\infty} \int_{\Gamma_R} g(z) e^{imz} dz = 0 \quad (m > 0).$$

*证 对于任给的 $\varepsilon > 0$,存在 $R_0(\varepsilon) > 0$,使得当 $R > R_0$ 时,有

$$\left| g(z) \right| < \varepsilon, \quad z \in \Gamma_R,$$

于是有

$$\left| \int_{\Gamma_R} g(z) e^{imz} dz \right| = \left| \int_0^\pi g(Re^{i\theta}) e^{imRe^{i\theta}} Re^{i\theta} i d\theta \right|$$

$$\leqslant R\varepsilon \int_0^\pi e^{-mR\sin\theta} d\theta, \tag{5.9}$$

这里利用了 $|g(Re^{i\theta})| < \varepsilon$，$|Re^{i\theta}i| = R$ 以及

$$\left| e^{imRe^{i\theta}} \right| = \left| e^{-mR\sin\theta + imR\cos\theta} \right| = e^{-mR\sin\theta}.$$

因此，由

$$\frac{2\theta}{\pi} \leqslant \sin\theta \leqslant \theta, \quad 0 \leqslant \theta \leqslant \frac{\pi}{2},$$

将(5.9)式化为

$$\left| \int_{\Gamma_R} g(z) e^{imz} \, dz \right| \leqslant 2R\varepsilon \int_0^{\pi/2} e^{-mR\sin\theta} d\theta \leqslant 2R\varepsilon \int_0^{\pi/2} e^{-\frac{2mR\theta}{\pi}} d\theta$$

$$= -2\varepsilon R \left. \frac{e^{-\frac{2mR\theta}{\pi}}}{2mR/\pi} \right|_{\theta=0}^{\theta=\pi/2} = \frac{\pi\varepsilon}{m} (1 - e^{-mR})$$

$$< \frac{\pi\varepsilon}{m},$$

即引理成立.

应用引理 5.2，参照定理 5.5 的证明可得下面的结论.

定理 5.6 设函数 $g(z) = \dfrac{P(z)}{Q(z)}$，其中 $P(z)$ 及 $Q(z)$ 是互质多项式，且符合条件：

(1) $Q(z)$ 的次数比 $P(z)$ 的次数高；

(2) 在实轴上 $Q(z) \neq 0$，

则

$$\int_{-\infty}^{+\infty} g(x) e^{imx} \, dx = 2\pi i \sum_{\text{Im} a_k > 0} \operatorname*{Res}_{z=a_k} [g(z) e^{imz}] \quad (m > 0). \tag{5.10}$$

注 将(5.10)式左端实部和虚部分开，则得到下列两个实积分：

$$\int_{-\infty}^{+\infty} \frac{P(x)}{Q(x)} \cos mx \, dx \quad \text{和} \quad \int_{-\infty}^{+\infty} \frac{P(x)}{Q(x)} \sin mx \, dx.$$

所以可以利用公式(5.10)计算这两个实积分.

例 5.9 计算积分 $I = \displaystyle\int_0^{+\infty} \frac{\cos mx}{x^2 + 25} \, dx \ (m > 0)$.

解 我们有

$$I = \frac{1}{2} \int_{-\infty}^{+\infty} \frac{\cos mx}{x^2 + 25} \, dx = \frac{1}{2} \operatorname{Re} \int_{-\infty}^{+\infty} \frac{e^{imx}}{x^2 + 25} \, dx.$$

设 $f(z) = \dfrac{e^{imz}}{z^2 + 25}$，显然它在上半平面仅有一个一阶极点 $z = 5i$，对应的留数为

$$\operatorname*{Res}_{z=5i} f(z) = \left. \frac{e^{imz}}{2z} \right|_{z=5i} = \frac{1}{10i} e^{-5m}.$$

由公式(5.10)得

$$\int_{-\infty}^{+\infty} \frac{e^{imx}}{x^2+25}dx = 2\pi i \frac{1}{10i}e^{-5m} = \frac{\pi}{5}e^{-5m},$$

于是

$$I = \frac{1}{2}\text{Re}\int_{-\infty}^{+\infty} \frac{e^{imx}}{x^2+25}dx = \frac{\pi}{10}e^{-5m}.$$

四、计算积分路径上有奇点的积分

引理 5.3 设函数 $f(z)$ 沿圆弧 $S_r: z-a=re^{i\theta}$ ($\theta_1 \leqslant \theta \leqslant \theta_2$, r 充分小)连续,且
$$\lim_{r\to 0}(z-a)f(z) = \lambda$$
在 S_r 上一致成立,则有

$$\lim_{r\to 0}\int_{S_r} f(z)dz = i(\theta_2-\theta_1)\lambda.$$

证明方法同引理 5.1,这里从略.

定理 5.6′ 在定理 5.6 中条件(2)改为 $Q(z)$ 在实轴上有一个一阶零点 z_0,其他条件不变,那么

$$\int_{-\infty}^{+\infty} \frac{P(x)}{Q(x)}e^{imx}dx = 2\pi i \sum_{\text{Im}a_k>0} \text{Res}_{z=a_k}[g(z)e^{imz}] + \pi i \text{Res}_{z=z_0}[g(z)e^{imz}].$$

证 由数学分析知识知,在定理的条件下 $\int_{-\infty}^{+\infty} \frac{P(x)}{Q(x)}e^{imx}dx$ 必存在,故利用 $\lim_{R\to+\infty}\int_{-R}^{R} \frac{P(x)}{Q(x)}e^{imx}dx$ 来证明. 如图 5.3 所示作辅助路径:

$C_R: z = Re^{i\theta}$ ($0 \leqslant \theta \leqslant \pi$, R 充分大),

$C_r: z = z_0 + re^{i\theta}$ ($0 \leqslant \theta \leqslant \pi$, r 充分小),

这样 $\Gamma: C_R \cup [-R, z_0-r] \cup C_r^- \cup [z_0+r, R]$ 为一周线.

显然,函数 $f(z) = \frac{P(z)}{Q(z)}e^{imz}$ 在 Γ 上满足柯西留数定理,因此有

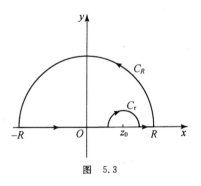

图 5.3

$$\int_{-R}^{z_0-R} f(x)dx + \int_{C_r^-} f(z)dz + \int_{z_0+r}^{R} f(x)dx + \int_{C_R} f(z)dz$$
$$= 2\pi i \sum_{\text{Im}a_k>0} \text{Res}_{z=a_k}[g(z)e^{imz}]. \qquad (5.11)$$

由引理 5.2 有

$$\lim_{R\to+\infty}\int_{C_R} f(z)dz = 0,$$

而由引理 5.3 有

$$\lim_{r \to 0} \int_{C_r^-} f(z)\mathrm{d}z = -\pi i \operatorname*{Res}_{z=z_0} f(z),$$

故对(5.11)式取极限(令 $R \to +\infty, r \to 0$)有

$$\int_{-\infty}^{+\infty} \frac{P(x)}{Q(x)} \mathrm{e}^{imx} \mathrm{d}x - \pi i \operatorname*{Res}_{z=z_0}[g(z)\mathrm{e}^{imz}] = 2\pi i \sum_{\mathrm{Im} a_k > 0} \operatorname*{Res}_{z=a_k}[g(z)\mathrm{e}^{imz}].$$

上式移项即可得证.

推论 若 $Q(z)$ 在实轴上有有限个一阶零点 $z_0, z_1, \cdots, z_r$,那么

$$\int_{-\infty}^{+\infty} \frac{P(x)}{Q(x)} \mathrm{e}^{imx} \mathrm{d}x = 2\pi i \sum_{\mathrm{Im} a_k > 0} \operatorname*{Res}_{z=a_k}[g(z)\mathrm{e}^{imz}] + \pi i \sum_{k=0}^{r} \operatorname*{Res}_{z=z_0}[g(z)\mathrm{e}^{imz}].$$

例 5.10 计算积分 $\int_0^{+\infty} \frac{\sin x}{x}\mathrm{d}x.$

解 设 $f(z) = \frac{\mathrm{e}^{imz}}{z}$,显然 $f(z)$ 仅有一个有限孤立奇点 $z=0$,且为一阶极点,对应的留数为

$$\operatorname*{Res}_{z=0} f(z) = \mathrm{e}^0 = 1.$$

由定理 5.6′ 有

$$\int_{-\infty}^{+\infty} \frac{\mathrm{e}^{imx}}{x}\mathrm{d}x = 2\pi i \cdot 0 + \pi i \cdot 1 = \pi i,$$

故

$$\int_0^{+\infty} \frac{\sin x}{x}\mathrm{d}x = \frac{1}{2}\mathrm{Im}\int_{-\infty}^{+\infty} \frac{\mathrm{e}^{imx}}{x}\mathrm{d}x = \frac{\pi}{2}.$$

§3 辐角原理与儒歇定理

一、对数留数

由于 $\frac{\mathrm{d}}{\mathrm{d}z}\ln f(z) = \frac{f'(z)}{f(z)}$,所以形如 $\frac{1}{2\pi i}\int_C \frac{f'(z)}{f(z)}\mathrm{d}z$ 的积分称为 $f(z)$ 的**对数留数**. 显然,函数 $f(z)$ 的零点和奇点都可能是 $\frac{f'(z)}{f(z)}$ 的奇点. 事实上,我们有下面的结论.

引理 5.4 (1) 设 a 为函数 $f(z)$ 的 n 阶零点,则 a 必为函数 $\frac{f'(z)}{f(z)}$ 的一阶极点,且

$$\operatorname*{Res}_{z=a} \frac{f'(z)}{f(z)} = n;$$

(2) 设 b 为函数 $f(z)$ 的 m 阶极点,则 b 必为函数 $\dfrac{f'(z)}{f(z)}$ 的一阶极点,且

$$\operatorname*{Res}_{z=b}\frac{f'(z)}{f(z)}=-m.$$

证 (1) 如果 a 为 $f(z)$ 的 n 阶零点,则在点 a 的某一邻域内有

$$f(z)=(z-a)^{n}g(z),$$

其中 $g(z)$ 在点 a 解析,且 $g(a)\neq0$. 于是

$$f'(z)=n(z-a)^{n-1}g(z)+(z-a)^{n}g'(z),$$

$$\frac{f'(z)}{f(z)}=\frac{n}{z-a}+\frac{g'(z)}{g(z)}.$$

由于 $\dfrac{g'(z)}{g(z)}$ 在点 a 解析,故 a 必为 $\dfrac{f'(z)}{f(z)}$ 的一阶极点,且

$$\operatorname*{Res}_{z=a}\frac{f'(z)}{f(z)}=n.$$

(2) 如果 b 为 $f(z)$ 的 m 阶极点,则在点 b 的某一去心邻域内有

$$f(z)=\frac{h(z)}{(z-b)^{m}},$$

其中 $h(z)$ 在点 b 解析,且 $h(b)\neq0$. 由此可得

$$\frac{f'(z)}{f(z)}=\frac{-m}{z-b}+\frac{h'(z)}{h(z)},$$

而 $\dfrac{h'(z)}{h(z)}$ 在点 b 解析,故 b 必为 $\dfrac{f'(z)}{f(z)}$ 的一阶极点,且

$$\operatorname*{Res}_{z=b}\frac{f'(z)}{f(z)}=-m.$$

定理 5.7 设 C 是一条周线,函数 $f(z)$ 符合条件:

(1) $f(z)$ 在 C 的内部至多有有限个零点和极点;

(2) $f(z)$ 在 C 上解析且不为零,

则有

$$\frac{1}{2\pi\mathrm{i}}\int_{C}\frac{f'(z)}{f(z)}\mathrm{d}z=N(f,C)-P(f,C),$$

式中 $N(f,C)$,$P(f,C)$ 分别表示 $f(z)$ 在 C 内部的零点与极点的个数(一个 n 阶零点算做 n 个零点,而一个 m 阶极点算做 m 个极点).

证 设 $a_k\ (k=1,2,\cdots,p)$ 为 $f(z)$ 在 C 内部的不同零点,其阶数相应地为 n_k;$b_j\ (j=1,$ $2,\cdots,q)$ 为 $f(z)$ 在 C 内部的不同极点,其阶数相应地为 m_j. 根据引理 5.4 知,$\dfrac{f'(z)}{f(z)}$ 在 C 内部及 C 上除去在 C 内部有一阶极点 $a_k(k=1,2,\cdots,p)$ 及 $b_j(j=1,2,\cdots,q)$ 外均是解析的,故

由留数定理及引理 5.4 得

$$\frac{1}{2\pi i}\oint_C \frac{f'(z)}{f(z)}\mathrm{d}z = \sum_{k=1}^{p} \operatorname*{Res}_{z=a_k} \frac{f'(z)}{f(z)} + \sum_{j=1}^{q} \operatorname*{Res}_{z=b_j} \frac{f'(z)}{f(z)}$$

$$= \sum_{k=1}^{p} n_k + \sum_{j=1}^{q} (-m_j)$$

$$= N(f,C) - P(f,C).$$

二、辐角原理

在定理 5.7 的条件下,函数 $f(z)$ 在周线 C 内部的零点个数与极点个数之差,等于当 z 沿 C 的正向绕行一周后 $\arg f(z)$ 的改变量 $\Delta_C \arg f(z)$ 除以 2π,即

$$N(f,C) - P(f,C) = \frac{\Delta_C \arg f(z)}{2\pi}, \tag{5.12}$$

这一结论称为**辐角原理**. 特别地,如果 $f(z)$ 在周线 C 上及 C 内部均解析,且 $f(z)$ 在 C 上不为零,则

$$N(f,C) = \frac{\Delta_C \arg f(z)}{2\pi}. \tag{5.13}$$

注 若将定理 5.7 的条件(2)减弱为"$f(z)$ 连续到边界 C,且沿 C 有 $f(z) \neq 0$",(5.12),(5.13)两式仍成立.

例 5.11 设函数 $f(z) = (z-1)(z-2)^2(z-4)$,取周线 $C: |z| = 3$,验证辐角原理.

解 显然 $f(z)$ 在 z 平面上解析,在 C 上无零点,且在 C 的内部只有一阶零点 $z=1$ 及二阶零点 $z=2$. 所以,一方面,有

$$N(f,C) = 1 + 2 = 3;$$

另一方面,当 z 沿 C 的正向绕 C 一周时,有

$$\Delta_C \arg f(z) = \Delta_C \arg(z-1) + \Delta_C \arg(z-2)^2 + \Delta_C \arg(z-4)$$

$$= \Delta_C \arg(z-1) + 2\Delta_C \arg(z-2) + \Delta_C \arg(z-4)$$

$$= 2\pi + 4\pi + 0 = 6\pi.$$

于是(5.13)式成立.

三、儒歇定理

根据辐角原理可以得到一个重要定理——儒歇定理,它可用来研究解析函数零点分布问题,即可用来确定方程在指定区域内根的个数.

定理 5.8(儒歇定理) 设 C 是一条周线,函数 $f(z)$ 及 $\varphi(z)$ 满足条件:

(1) 它们在 C 的内部均解析,且连续到 C;

(2) 在 C 上 $|f(z)|>|\varphi(z)|$,

则函数 $f(z)$ 与 $f(z)+\varphi(z)$ 在 C 的内部有同样多的零点(n 阶算做 n 个),即

$$N(f+\varphi,C)=N(f,C).$$

证 由假设知道 $f(z)$ 与 $f(z)+\varphi(z)$ 在 C 的内部解析,且连续到 C,并知在 C 上有

$$|f(z)|>0, \quad |f(z)+\varphi(z)|\geqslant |f(z)|-|\varphi(z)|>0,$$

因此 $f(z)$ 与 $f(z)+\varphi(z)$ 这两个函数都满足定理 5.7 及上述注中的减弱条件. 由于这两个函数在 C 的内部解析,于是由(5.13)式,下面只需证明

$$\Delta_C \arg[f(z)+\varphi(z)]=\Delta_C \arg f(z). \tag{5.14}$$

由关系式

$$f(z)+\varphi(z)=f(z)\left[1+\frac{\varphi(z)}{f(z)}\right],$$

$$\Delta_C \arg[f(z)+\varphi(z)]=\Delta_C \arg f(z)+\Delta_C \arg\left[1+\frac{\varphi(z)}{f(z)}\right], \tag{5.15}$$

根据条件(2),当 z 沿 C 变动时 $\left|\dfrac{\varphi(z)}{f(z)}\right|<1$,借助函数 $\eta=1+\dfrac{\varphi(z)}{f(z)}$ 将 z 平面上的周线 C 变成 η 平面上的闭曲线 Γ,于是 Γ 全在圆周 $|\eta-1|=1$ 的内部(图 5.4),而原点 $\eta=0$ 又不在此圆周的内部. 也就是说,点 η 不会围着原点 $\eta=0$ 绕行. 故

$$\Delta_C \arg\left[1+\frac{\varphi(z)}{f(z)}\right]=0.$$

再由(5.15)式即知(5.14)式得证.

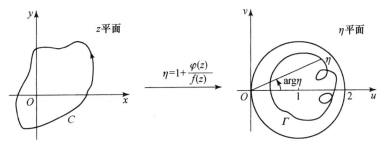

图 5.4

例 5.12 设 n 次多项式

$$P(z)=a_0 z^n+\cdots+a_t z^{n-t}+\cdots+a_n \quad (a_0\neq 0)$$

满足条件

$$|a_t|>|a_0|+\cdots+|a_{t-1}|+|a_{t+1}|+\cdots+|a_n|,$$

证明:$P(z)$ 在单位圆 $|z|<1$ 内有 $n-t$ 个零点.

证 取

$$f(z) = a_t z^{n-t}, \quad \varphi(z) = a_0 z^n + \cdots + a_{t-1} z^{n-t+1} + a_{t+1} z^{n-t-1} + \cdots + a_n,$$

易证在单位圆周 $C: |z| = 1$ 上,有

$$|f(z)| > |\varphi(z)|,$$

根据儒歇定理知 $P(z) = f(z) + \varphi(z)$ 在单位圆 $|z| < 1$ 内的零点与 $f(z) = a_t z^{n-t}$ 在单位圆 $|z| < 1$ 内的零点一样多,即 $n-t$ 个.

习　题　五

1. 求下列函数 $f(z)$ 在其孤立奇点(包括无穷远点)处的留数:

(1) $\dfrac{e^z}{z^2 - 1}$;

(2) $e^{\frac{1}{z^2}}$;

(3) $\dfrac{1}{\sin z}$;

(4) $\dfrac{e^z}{z^2(z - \pi i)^4}$.

2. 利用留数定理计算下列积分:

(1) $\displaystyle\int_C \dfrac{3z^2 + 2}{(z-1)(z^2 + 9)} dz$,其中 $C: |z| = 4$;

(2) $\displaystyle\int_C \dfrac{\sin z}{z} dz$,其中 $C: |z| = \dfrac{3}{2}$;

(3) $\displaystyle\int_C \tan \pi z \, dz$,其中 $C: |z| = 3$;

(4) $\displaystyle\int_{|z|=1} \dfrac{dz}{z \sin z}$;

(5) $\dfrac{1}{2\pi i}\displaystyle\int_{|z|=2} \dfrac{e^{zt}}{1 + z^2} dz$;

(6) $\displaystyle\int_{|z|=1} \dfrac{dz}{(z-a)^n (z-b)^n}$,其中 $|a| < 1, |b| < 1, a \neq b, n$ 为正整数.

3. 计算下列积分:

(1) $\displaystyle\int_0^{2\pi} \dfrac{d\theta}{a + b\cos\theta} \ (0 < b < a)$;

(2) $\displaystyle\int_0^\pi \dfrac{d\theta}{a^2 + \sin^2\theta} \ (a > 0)$;

(3) $\displaystyle\int_0^{2\pi} \dfrac{dx}{(2 + \sqrt{3}\cos x)^2}$;

(4) $\displaystyle\int_0^\pi \tan(\theta + ia) d\theta \ (a \text{ 为实数,且 } a \neq 0)$.

4. 计算下列积分:

(1) $\displaystyle\int_0^{+\infty} \dfrac{x^2}{(x^2 + 1)(x^2 + 4)} dx$;

(2) $\displaystyle\int_{-\infty}^{+\infty} \dfrac{x^2 - x + 2}{x^4 + 10x^2 + 9} dx$;

(3) $\int_{-\infty}^{+\infty}\dfrac{x^2}{(x^2+a^2)^2}\mathrm{d}x\ (a>0)$;   (4) $\int_{-\infty}^{+\infty}\dfrac{\cos x}{(x^2+1)(x^2+9)}\mathrm{d}x$;

(5) $\int_{0}^{+\infty}\dfrac{x\sin ax}{x^2+b^2}\mathrm{d}x\ (a>0,b>0)$;   (6) $\int_{0}^{+\infty}\dfrac{x\sin mx}{x^4+a^4}\mathrm{d}x\ (m>0,a>0)$.

5. 证明：方程

$$e^z-e^\lambda z^n=0\quad(\lambda>1)$$

在单位圆 $|z|<1$ 内有 n 个根.

6. 证明：方程

$$e^{z-\lambda}=z\quad(\lambda>1)$$

在单位圆 $|z|<1$ 内恰有一个实根.

7. 证明：若函数 $f(z)$ 在区域 D 内单叶解析,则在 D 内 $f'(z)\neq0$.

第六章 共形映射

共形映射是复变函数论的一个重要分支,它是用几何的观点来研究复变函数. 共形映射有着广泛的应用. 事实上,在许多数学和物理问题中,问题的求解(如上半平面的狄利克雷问题、机翼绕流问题等)往往与区域的形状有关. 由于在复杂的区域内求解比较困难,甚至不能求出解,因此我们可作映射 $w=f(z)$,将复杂区域单值共形映射为简单区域,再在简单区域中求解,最后利用反函数 $z=f^{-1}(w)$ 得到问题在原区域中的解. 但是,这样的函数 $w=f(z)$ 是否存在? 存在时是否唯一? 如何求解此函数? 此类函数又有什么共性? 这也就是本章所要讨论的内容.

§1 共形映射

一定条件下的解析变换具有很好的性质:保域性、保角性和共形性. 下面具体来介绍这些性质.

我们首先来看两个具体的解析变换:
$$w = f_1(z) = z + a \quad 和 \quad w = f_2(z) = c.$$
易知,解析变换 $w=f_1(z)$ 将 z 平面上的圆形区域 $D: |z| < 1$ 变换成了 w 平面上的圆形区域 $G_1: |w-a| < 1$,即 $G_1 = f_1(D)$,而解析变换 $w=f_2(z)$ 将 z 平面上的圆形区域 $D: |z| < 1$ 变换成了 w 平面上的一点 c,即 $\{c\} = f_2(D)$,如图 6.1(a),(b)所示.

显然 $G_1 = f_1(D)$ 是区域,即 $f_1(z)$ 把区域 D 映成区域 G_1. 这时我们称 $f_1(z)$ 具有**保域性**. 而 $\{c\} = f_2(D)$ 不是区域,即 $f_2(z)$ 不具有保域性. 这表明,不是所有的解析变换都具有保域性.

定理 6.1(保域定理) 设函数 $w=f(z)$ 在区域 D 内解析,且不恒为常数,则区域 D 的像 $G=f(D)$ 也是一个区域.

*证 首先证明 $G=f(D)$ 是开集,即 G 内的每一点都是内点.

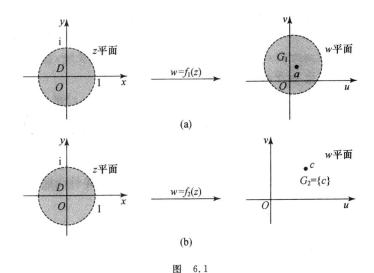

图 6.1

设点 $w_0 \in G$，则存在 $z_0 \in D$，使得 $w_0 = f(z_0)$. 要证 w_0 为 G 的内点，只需证明 w_* 与 w_0 充分接近时，点 w_* 也属于 G，即存在 w_0 的一个邻域 $N(w_0) \subset G$. 而要证明此结果，我们只需要证明，当点 w_* 与点 w_0 充分接近时，方程 $w_* = f(z)$ 在区域 D 内有解. 为此，考查

$$f(z) - w_* = f(z) - w_0 + w_0 - w_*.$$

由解析函数零点的孤立性，必有以点 z_0 为心的某个圆周 C 以及 C 的内部全都含于区域 D，使得 $f(z) - w_0$ 在圆周 C 上及圆周 C 的内部（除 z_0 外）均不为零，因而在圆周 C 上，有

$$|f(z) - w_0| \geqslant \delta > 0.$$

对在邻域 $|w_* - w_0| < \delta$ 内的点 w_* 及在圆周 C 上的点 z，都有

$$|f(z) - w_0| \geqslant \delta > |w_* - w_0|$$

成立. 根据儒歇定理，在圆周 C 的内部，$f(z) - w_* = f(z) - w_0 + w_0 - w_*$ 与 $f(z) - w_0$ 有相同的零点个数. 于是方程 $w_* = f(z)$ 在区域 D 内有解.

其次，证明 $G = f(D)$ 具有连通性，即对 G 内任意两点都能找到完全含在 G 内的一条折线将它们连接起来.

设 $w_1 = f(z_1)$，$w_2 = f(z_2)$ 为 G 内任意的两点. 由于 D 是区域，因此可在 D 内取一条连接点 z_1 和点 z_2 的折线 C：$z = z(t)$ $(t_1 \leqslant t \leqslant t_2, z(t_1) = z_1, z(t_2) = z_2)$. 于是，$\Gamma$：$w = f[z(t)]$ $(t_1 \leqslant t \leqslant t_2)$ 就是连接点 $w_1 = f(z_1)$ 和点 $w_2 = f(z_2)$ 的并且完全含在 G 内的一条曲线.

综上可知，$G = f(D)$ 是一个区域.

注 （1）若函数 $w = f(z)$ 在区域 D 内单叶解析，则区域 D 的像 $G = f(D)$ 也是一个区域.

事实上,因为 $w=f(z)$ 在区域 D 内单叶解析,所以 $w=f(z)$ 在区域 D 内不恒为常数. 根据定理 6.1,区域 D 的像 $G=f(D)$ 也是一个区域.

(2) 一般地,若函数 $w=f(z)$ 在扩充 z 平面上的区域 D 内亚纯,且不恒为常数,则区域 D 的像 $G=f(D)$ 也为扩充 w 平面上的区域.

(3) "若函数 $w=f(z)$ 在点 z_0 解析,且 $f'(z_0)\neq 0$,则 $w=f(z)$ 在点 z_0 的某一邻域内单叶解析"的几何意义是:在点 z_0 解析的函数 $w=f(z)$,当 $f'(z_0)\neq 0$ 时,可将 z_0 的一个充分小邻域变成 $w_0=f(z_0)$ 的一个曲边邻域. 由习题五第 7 题知,若函数 $f(z)$ 在区域 D 内单叶解析,则在 D 内 $f'(z)\neq 0$. 可以证明其逆不真,但这里说明了局部范围内其逆为真.

以上讨论了解析变换的保域性,接下来研究解析变换的保角性问题.

设函数 $f(z)$ 在区域 D 内解析,$z_0\in D$,且 $f'(z_0)\neq 0$;又设

$$L: z=\tau(t)=x(t)+iy(t) \quad (t_0\leqslant t\leqslant t_1)$$

是区域 D 内过点 z_0 的一条光滑曲线,且 $z_0=\tau(t_0)$,$\tau'(t_0)\neq 0$. 曲线 L 在点 z_0 的切线与实轴的夹角为 $\arg\tau'(t_0)$. 函数 $f(z)$ 把曲线 L 映为过点 $w_0=f(z_0)$ 的光滑曲线

$$\Gamma: w=\sigma(t)=f(\tau(t)) \ (t_0\leqslant t\leqslant t_1),$$

从而

$$\sigma'(t_0)=f'(\tau(t_0))\tau'(t_0)=f'(z_0)\tau'(t_0)\neq 0,$$

所以曲线 Γ 在点 w_0 的切线与实轴的夹角为 $\arg\sigma'(t_0)=\arg f'(z_0)+\arg\tau'(t_0)$,于是

$$\arg\sigma'(t_0)-\arg\tau'(t_0)=\arg f'(z_0).$$

这说明,光滑曲线 Γ 在点 w_0 的切向量的辐角与曲线 L 在点 z_0 的切向量的辐角之差恒为 $\arg f'(z_0)$,而与曲线 L 无关.

设 L_1,L_2 是区域 D 内过点 z_0 的任意两条光滑曲线,其方程分别为 $z=\tau_1(t)(t_0\leqslant t\leqslant t_1)$ 和 $z=\tau_2(t)(t_0\leqslant t\leqslant t_1)$,且 $\tau_1(t_0)=\tau_2(t_0)=z_0$. 它们在映射 $w=f(z)$ 下的像分别是通过点 $w_0=f(z_0)$ 的光滑曲线 $\Gamma_1: w=\sigma_1(t)=f(\tau_1(t))$,$\Gamma_2: w=\sigma_2(t)=f(\tau_2(t))$,如图 6.2 所示.

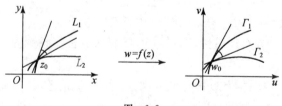

图 6.2

由于

$$\arg\sigma_1'(t_0)-\arg\tau_1'(t_0)=\arg f'(z_0)=\arg\sigma_2'(t_0)-\arg\tau_2'(t_0),$$

因此

$$\arg\sigma_2'(t_0)-\arg\sigma_1'(t_0)=\arg\tau_2'(t_0)-\arg\tau_1'(t_0),$$

即像曲线 Γ_1 与 Γ_2 在交点 w_0 处的交角和原曲线 L_1 与 L_2 在交点 z_0 处的交角相等. 这表明, 如果 $f'(z_0)\neq 0$, 那么过点 z_0 的任意两条光滑曲线的夹角(指切线的夹角)在映射 $w=f(z)$ 的作用下, 都保持大小与旋转方向不变. 我们称 $\arg f'(z_0)$ 为 $w=f(z)$ 在点 z_0 的**旋转角**.

任取过点 z_0 的曲线 $L: \tau(t)$, 其在映射 $f(z)$ 下的像为 $\Gamma: w=\sigma(t)=f(\tau(t))$. 由于

$$f'(z_0) = \lim_{\substack{z \to z_0 \\ z \in \tau}} \frac{f(z) - f(z_0)}{z - z_0},$$

因此

$$|f'(z_0)| = \lim_{\substack{z \to z_0 \\ z \in \tau}} \frac{|f(z) - f(z_0)|}{|z - z_0|}.$$

这说明, 像点之间的距离与原像之间的距离之比的极限是 $|f'(z_0)|$, 它只与 z_0 有关, 而与曲线 L 无关. 我们称 $|f'(z_0)|$ 为 $w=f(z)$ 在点 z_0 的**伸缩率**.

根据以上分析, 当函数 $f(z)$ 在区域 D 内解析, 且 $f'(z_0)\neq 0$ 时, 可得到以下**结论**:

(1) 映射 $w=f(z)$ 在点 z_0 的旋转角 $\arg f'(z_0)$ 只与点 z_0 有关, 而与曲线 L 无关, 称之为**旋转角不变性**;

(2) 映射 $w=f(z)$ 在点 z_0 的伸缩率 $|f'(z_0)|$ 只与点 z_0 有关, 而与曲线 L 无关, 称之为**伸缩率不变性**.

因此, 解析函数在导数不为零的点处具有伸缩率不变性和旋转角不变性.

定义 6.1 若函数 $w=f(z)$ 在点 z_0 的某一邻域内有定义, 且在点 z_0 满足:

(1) 伸缩率不变性;

(2) 过 z_0 的任意两条曲线的夹角在变换 $w=f(z)$ 下, 保持大小与方向都不变,

则称 $w=f(z)$ 在点 z_0 是**保角**的, 或称 $w=f(z)$ 在点 z_0 是**保角变换**.

若函数 $w=f(z)$ 在区域 D 内处处都保角, 则称 $w=f(z)$ 在区域 D 内是**保角**的, 或称 $w=f(z)$ 为区域 D 内的**保角变换**.

由上面的分析讨论我们得到如下定理:

定理 6.2 如果函数 $w=f(z)$ 在区域 D 内解析, 那么 $w=f(z)$ 在导数不为零的点是保角的.

显然, 如果函数 $w=f(z)$ 在区域 D 内解析, 那么 $w=f(z)$ 在导数不为零的点的充分小邻域内是保角的.

推论 如果函数 $w=f(z)$ 在区域 D 内单叶解析, 那么 $w=f(z)$ 在区域 D 内是保角的.

例 6.1 求映射 $w=f(z)=z^3$ 在下列各点的旋转角和伸缩率:

(1) $z=1$;　　　　(2) $z=1+\mathrm{i}$;　　　　(3) $z=\sqrt{3}-\mathrm{i}$.

解 因为 $f'(z)=3z^2$, 所以

(1) $f'(1)=3$, 从而 $w=f(z)=z^3$ 在点 $z=1$ 的旋转角为 0, 伸缩率为 $|f'(1)|=3$;

(2) $f'(1+i)=3(1+i)^2=6i$,从而 $w=f(z)=z^3$ 在点 $z=1+i$ 的旋转角为 $\pi/2$,伸缩率为 $|f'(1+i)|=|6i|=6$;

(3) $f'(\sqrt{3}-i)=3(\sqrt{3}-i)^2=6-6\sqrt{3}i$,从而 $w=f(z)=z^3$ 在点 $z=\sqrt{3}-i$ 的旋转角为 $-\pi/3$,伸缩率为 $|f'(\sqrt{3}-i)|=|6-6\sqrt{3}i|=12$.

例 6.2 试求映射 $w=f(z)=z^2+2z$ 在点 $z=-1+2i$ 的旋转角,并说明它将 z 平面上的哪一部分放大,哪一部分缩小.

解 因为 $f'(z)=2z+2$,所以 $f'(-1+2i)=4i$,从而 $w=f(z)=z^2+2z$ 在点 $z=-1+2i$ 的旋转角为 $\pi/2$,伸缩率为 $|f'(z)|=2\sqrt{(x+1)^2+y^2}$. 因此,当 $|f'(z)|<1$,即 $(x+1)^2+y^2<1/4$ 时,缩小;当 $(x+1)^2+y^2>1/4$ 时,放大. 故映射 $w=f(z)=z^2+2z$ 将以 $z=-1$ 为圆心,$1/2$ 为半径的圆内缩小,圆外放大.

若 $w=f(z)$ 在区域 D 内单叶且保角,那么由旋转角和伸缩率的几何意义不难看出,$w=f(z)$ 将一个曲边三角形映射为另一个和它相似的曲边三角形,后者只是参照前者进行了伸缩和旋转. 因此我们有如下定义:

定义 6.2 若函数 $w=f(z)$ 在区域 D 内单叶且保角,则称 $w=f(z)$ 在区域 D 内是**共形**的,或称 $w=f(z)$ 为 D 内的**共形映射**(也称为**保形映射**或**保形变换**).

若函数 $w=f(z)$ 在区域 D 内共形,则 $w=f(z)$ 在区域 D 内处处局部共形;反之不然. 例如,对于函数 $f(z)=e^z$,由于 $f'(z)=e^z\neq 0$,因此该函数在 z 平面上处处局部共形. 而 $f(z)=e^z$ 是以 $2\pi i$ 为周期的函数,因此该函数不是单叶的,故该函数在整个 z 平面上不是共形的.

例 6.3 讨论解析函数 $w=f(z)=z^n$ (n 为正整数)的保角性和共形性.

解 要讨论解析函数 $w=f(z)=z^n$ (n 为正整数)的保角性和共形性,我们只需找出使 $f'(z)=nz^{n-1}\neq 0$ 的点以及 $w=f(z)=z^n$ 的单叶性区域即可.

因为 $f'(z)=nz^{n-1}$,所以当 $z\neq 0$ 时,有 $f'(z)=nz^{n-1}\neq 0$. 于是解析函数 $w=f(z)=z^n$ 在 z 平面上除原点 $z=0$ 外,处处都是保角的.

由于 $w=f(z)=z^n$ 的单叶性区域是顶点在原点张度不超过 $\dfrac{2\pi}{n}$ 的角形区域

$$D: \alpha<\arg z<\alpha+\frac{2\pi}{n},$$

故在此角形区域 D 内 $w=f(z)=z^n$ 是共形的. 在张度超过 $\dfrac{2\pi}{n}$ 的角形区域内,不是共形的,但在其中各点的充分小邻域内是共形的.

注 例 6.3 表明,并非解析函数一定具有(整体)共形性,即使函数 $f(z)$ 在解析区域 D 内满足 $f'(z)\neq 0$,也不一定能保证函数 $f(z)$ 在 D 内具有(整体)共形性.

下面我们来讨论解析函数具有(整体)共形性的充分条件.

定理 6.3 设函数 $w=f(z)$ 在区域 D 内单叶解析,则

(1) $w=f(z)$ 将区域 D 共形映射成区域 $G=f(D)$;

(2) 反函数 $z=f^{-1}(w)$ 在区域 $G=f(D)$ 内单叶解析,且

$$[f^{-1}(w_0)]'=\frac{1}{f'(z_0)}\quad(z_0\in D,w_0=f(z_0)\in G).$$

证 (1) 由定理 6.1 与定理 6.2 的推论知,$G=f(D)$ 是区域,且保角,再由定义 6.2 知,$w=f(z)$ 将区域 D 共形映射成区域 $G=f(D)$.

(2) 由 $w=f(z)$ 在区域 D 内单叶解析知,在 D 内,有 $f'(z)\neq 0$. 由于 $w=f(z)$ 是 D 到 G 的单叶满映射,因而是 D 到 G 的一一映射. 于是,当 $w\neq w_0$ 时,$z\neq z_0$,即反函数 $z=f^{-1}(w)$ 在区域 G 内单叶,故

$$\frac{f^{-1}(w)-f^{-1}(w_0)}{w-w_0}=\frac{z-z_0}{w-w_0}=\frac{1}{\dfrac{w-w_0}{z-z_0}}=\frac{1}{\dfrac{f(z)-f(z_0)}{z-z_0}}.$$

由假设 $f(z)=u(x,y)+\mathrm{i}v(x,y)$ 在区域 D 内解析,即在 D 内满足 C-R 方程 $u_x=v_y$,$u_y=-v_x$,故

$$\begin{vmatrix}u_x&u_y\\v_x&v_y\end{vmatrix}=\begin{vmatrix}u_x&-v_x\\v_x&u_x\end{vmatrix}=u_x^2+v_x^2=|u_x+\mathrm{i}v_x|^2=|f'(z)|^2\neq 0.$$

由隐函数存在定理知,存在两个函数 $x=x(u,v)$,$y=y(u,v)$,使得 $x=x(u,v)$,$y=y(u,v)$ 在点 $w_0=u_0+\mathrm{i}v_0$ 及其某一邻域 $N_\varepsilon(w_0)$ 内连续,即在邻域 $N_\varepsilon(w_0)$ 中,当点 $w\to w_0$ 时,必有 $z=f^{-1}(w)\to z_0=f^{-1}(w_0)$,故

$$\lim_{w\to w_0}\frac{f^{-1}(w)-f^{-1}(w_0)}{w-w_0}=\lim_{w\to w_0}\frac{z-z_0}{w-w_0}=\frac{1}{\lim\limits_{w\to w_0}\dfrac{w-w_0}{z-z_0}}$$

$$=\frac{1}{\lim\limits_{z\to z_0}\dfrac{f(z)-f(z_0)}{z-z_0}}=\frac{1}{f'(z_0)},$$

即

$$[f^{-1}(w_0)]'=\frac{1}{f'(z_0)}\quad(z_0\in D,w_0=f(z_0)\in G).$$

由于点 w_0 或点 z_0 的任意性,即知 $z=f^{-1}(w)$ 在区域 G 内解析.

注 1936 年 D. Menchoff 证明了定理 6.3 中结论(1)的逆也是成立的,即"如果函数 $w=f(z)$ 将区域 D 共形映射成区域 $G=f(D)$,则 $w=f(z)$ 在区域 D 内单叶解析".

定理 6.3 还表明,如果函数 $w=f(z)$ 将区域 D 共形映射成区域 $G=f(D)$,那么反函数 $z=f^{-1}(w)$ 将区域 $G=f(D)$ 共形映射成区域 D. 这时,区域 D 内的一个无穷小曲边三角形

abc 必变换成区域 G 内的一个无穷小曲边三角形 $a'b'c'$,并且曲线之间夹角的大小和方向保持不变,因此我们认为无穷小曲边三角形 abc 和无穷小曲边三角形 $a'b'c'$ "相似",如图 6.3 所示. 这就是共形映射这一名称的由来.

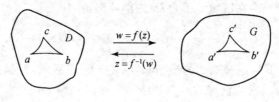

图　6.3

显然,两个共形映射的复合仍为共形映射. 因此,我们可以通过复合若干已知的共形映射而构成更多较为复杂的共形映射.

共形映射的基本任务是,给定一个区域 D 和另一个区域 G,要求找出将区域 D 共形映射成区域 G 的函数 $f(z)$ 以及唯一性条件.

§2　分式线性变换

分式线性变换是一类比较重要的映射,是近代函数论中一个非常基本的工具,有非常重要和非常有用的奇妙性质. 它在理论上和实际应用中都有着十分重要的作用,许多共形映射的一般理论问题往往由它而得到启发;在实际应用中,常常用它来做具体区域间的映射.

一、四种基本变换

我们先来介绍四种常用的基本变换:

(1) **旋转变换** $w = z e^{i\alpha}$,这里 α 为实数.

因为

$$w = z e^{i\alpha} (\alpha \in \mathbf{R}) \Longleftrightarrow z = r e^{i\theta}, w = r e^{i(\theta + \alpha)}$$
$$\Longleftrightarrow |w| = |z| = r, \ \mathrm{Arg}w - \mathrm{Arg}z = \alpha,$$

所以 $w = z e^{i\alpha}$ 是将 z 平面上的点 z 以原点为中心按逆时针($\alpha > 0$)或顺时针($\alpha < 0$)旋转角度 $|\alpha|$,从而它将每一个几何图形映为全等图形,如图 6.4 所示.

(2) **伸缩变换**(也称相似变换)$w = rz$,这里 r 为正实数.

由于

$$w = rz \ (r > 0) \Longleftrightarrow \begin{cases} |w| = r|z|, \\ \mathrm{arg}w = \mathrm{arg}z, \end{cases} \Longleftrightarrow \begin{cases} u = rx, v = ry, \\ \mathrm{arg}w = \mathrm{arg}z, \end{cases}$$

可见 $w = rz$ 是将 z 平面上的点 z 沿 $\overrightarrow{Oz}$ 的方向远离($r > 1$)或缩进($r < 1$)于原点至 r 倍,从而

它将每一个几何图形映为相似图形,如图 6.5 所示.

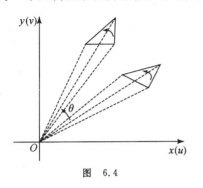

图　6.4

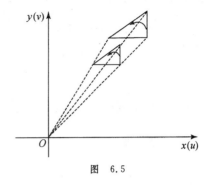

图　6.5

(3) **平移变换** $w=z+h$,这里 h 为复常数.

$w=z+h$ 是将 z 平面上的向量 $\overrightarrow{Oz}$ 平移一个向量 $\overrightarrow{Oh}$,于是它将每一个几何图形映为全等图形,如图 6.6 所示.

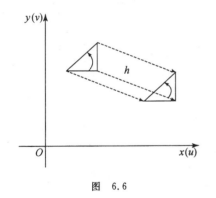

图　6.6

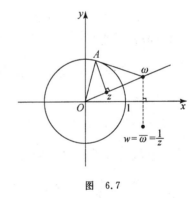

图　6.7

(4) **反演变换**(也称倒数变换) $w=\dfrac{1}{z}$.

反演变换 $w=\dfrac{1}{z}$ 可以分解成两个更为简单的变换 $\omega=\dfrac{1}{\bar{z}}$ 与 $w=\bar{\omega}$ 的复合,其中

$\omega=\dfrac{1}{\bar{z}}$ 称为关于单位圆周的对称变换,并称 z 和 ω 是关于单位圆周的对称点;

$w=\bar{\omega}$ 称为关于实轴的对称变换,并称 w 和 ω 是关于实轴的对称点.

可见,反演变换是通过两个对称变换复合而成的,此时原像点和像点之间的关系可用以下几何方法作出:先过点 z 作射线 Oz 的垂线与圆周交于点 A;再过点 A 作单位圆周 $|z|=1$ 的切线与射线 Oz 交于点 ω,则点 ω 就是点 z 关于单位圆周的对称点;最后作点 ω 关于实轴的对称点 w 即可(图 6.7).

由图 6.7 可知,直角三角形 OzA 与直角三角形 $OA\omega$ 相似. 于是, $\dfrac{1}{|\omega|}=\dfrac{|z|}{1}$,即 $|\omega||z|=1$,且点 z,ω 都在过单位圆圆心的同一条射线上,从而这两点的辐角相等. 记 $z=r\mathrm{e}^{\mathrm{i}\theta}$,则有

$$\omega=|\omega|\mathrm{e}^{\mathrm{i}\theta}=\frac{1}{|z|}\mathrm{e}^{\mathrm{i}\theta}=\frac{1}{r}\mathrm{e}^{\mathrm{i}\theta}=\frac{1}{r\mathrm{e}^{-\mathrm{i}\theta}}=\frac{1}{\bar{z}}.$$

规定圆心 $z=0$ 和点 ∞ 是关于单位圆周 $|z|=1$ 的对称点.

二、分式线性变换及其分解

定义 6.3 形如 $w=\dfrac{az+b}{cz+d}$ $\left(\text{其中 }a,b,c,d\text{ 为复常数,且 }\begin{vmatrix}a & b\\ c & d\end{vmatrix}=ad-bc\neq0\right)$ 的变换称为**分式线性变换**,简记为 $w=L(z)$.

由于德国数学家莫比乌斯(Möbius)对分式线性变换 $w=\dfrac{az+b}{cz+d}$ 做过大量的研究,因此在许多文献中也称它为**莫比乌斯变换**.

注 对于分式线性变换,我们有以下几点说明:

(1) 分式线性变换中,系数满足的条件 $\begin{vmatrix}a & b\\ c & d\end{vmatrix}=ad-bc\neq0$ 不可缺少,否则必将导致 $L(z)$ 为常数,不能构成共形变换.

(2) 为研究方便,在扩充 z 平面上,我们对分式线性变换 $w=L(z)$ 补充定义如下:

① 当 $c\neq0$ 时,补充定义 $L\left(-\dfrac{d}{c}\right)=\infty,L(\infty)=\dfrac{a}{c}$;

② 当 $c=0$ 时($d\neq0$),补充定义 $L(\infty)=\infty$.

这样分式线性变换 $w=L(z)$ 就成为整个扩充 z 平面上的线性变换.

(3) 在扩充 z 平面上,$w=L(z)=\dfrac{az+b}{cz+d}$ 有逆变换 $z=f^{-1}(w)=\dfrac{-\mathrm{d}w+b}{cw-a}$(导数不为零),也为分式线性变换. 分式线性变换 $w=L(z)$ 是扩充 z 平面与扩充 w 平面之间的一一变换,即分式线性变换 $w=L(z)$ 在整个扩充 z 平面上是单叶的. 换言之,分式线性变换 $w=L(z)$ 将扩充 z 平面单叶地变换成扩充 w 平面.

(4) 根据定理 6.1 的注得知,分式线性变换 $w=L(z)$ 在整个扩充 z 平面上是保域的.

(5) 分式线性变换的复合仍为分式线性变换.

为了研究分式线性变换的性质,接下来讨论分式线性变换的结构.

一般的分式线性变换 $w=L(z)$ 都可以分解成上述四种基本变换的复合. 事实上,

当 $c=0$ 时,分式线性变换变为

$$w = \frac{a}{d}z + \frac{b}{d} = kz + h \quad (k \neq 0),$$

称其为**整线性变换**,该变换是由旋转变换、伸缩变换、平移变换复合而成的.

当 $c \neq 0$ 时,分式线性变换可以变形为

$$w = \frac{az+b}{cz+d} = \frac{bc-ad}{c} \cdot \frac{1}{cz+d} + \frac{a}{c}$$

$$= k\frac{1}{cz+d} + h,$$

它是由整线性变换和反演变换复合而成的.

例 6.4 求将圆周 $C_1: |z-1| = 1$ 映成圆周 $C_2: \left| w - \frac{3}{2}\mathrm{i} \right| = 2$ 的分式线性变换.

解 首先向左平移一个单位,将 $C_1: |z-1| = 1$ 映为圆心在原点的单位圆周 $|\xi| = 1$,然后作两倍的伸缩变换,最后沿虚轴向上平移 $\frac{3}{2}$ 个单位,得到 $C_2: \left| w - \frac{3}{2}\mathrm{i} \right| = 2$,即

$$\xi = z - 1, \quad \eta = 2\xi = 2z - 2, \quad w = \eta + \frac{3}{2}\mathrm{i} = 2z - 2 + \frac{3}{2}\mathrm{i}.$$

这里 $w = 2z - 2 + \frac{3}{2}\mathrm{i}$ 就是所求的分式线性变换.

例 6.5 求下列分式线性变换的不动点(即自己映成自己的点):

(1) $w = \dfrac{z+1}{z-1}$; (2) $w = \dfrac{3z-1}{z+1}$; (3) $w = kz \ (k \neq 0)$.

解 (1) 设点 z 为分式线性变换的不动点,则有

$$z = \frac{z+1}{z-1}, \quad \text{即} \quad z^2 - 2z - 1 = 0,$$

解得

$$z = 1 + \sqrt{2} \quad \text{与} \quad z = 1 - \sqrt{2}.$$

所以 $z = 1 + \sqrt{2}$ 与 $z = 1 - \sqrt{2}$ 为该变换的两个相异的不动点(没有无穷不动点).

(2) 设点 z 为分式线性变换的不动点,则有

$$z = \frac{3z-1}{z+1}, \quad \text{即} \quad z^2 - 2z + 1 = 0,$$

解得 $z = 1$(重根).所以 $z = 1$ 为该变换的二重不动点(没有无穷不动点).

(3) 当 $k \neq 1$ 时,该变换将 0 映成 0,将 ∞ 映成 ∞,则该变换有一个有限不动点和一个无穷不动点;当 $k = 1$ 时,该变换为恒等变换,扩充 z 平面上的每一点都是不动点.

注 可以证明除恒等变换外,一切分式线性变换在扩充 z 平面上均有两个相异的不动点或一个二重的不动点.

三、分式线性变换的性质

由于分式线性变换是整线性变换和反演变换的复合,因此要研究分式线性变换的性质,只需研究整线性变换和反演变换的性质即可. 此处我们不加证明地给出分式线性变换的四个重要性质:共形性、保交比性、保圆周性、保对称点性.

定理 6.4 分式线性变换 $w=L(z)$ 在扩充 z 平面上是共形的.

定义 6.4 扩充 z 平面上有顺序的四个相异点 z_1,z_2,z_3,z_4 构成的量

$$\frac{z_4-z_1}{z_4-z_2} : \frac{z_3-z_1}{z_3-z_2}$$

称为它们的**交比**,记做 (z_1,z_2,z_3,z_4),即

$$(z_1,z_2,z_3,z_4) = \frac{z_4-z_1}{z_4-z_2} : \frac{z_3-z_1}{z_3-z_2}.$$

规定:若定义 6.4 的四点 z_1,z_2,z_3,z_4 中有一点为 ∞,此时将交比定义式中包含此点的项用 1 代替. 例如,若 $z_1=\infty$ 时,则有

$$(\infty,z_2,z_3,z_4) = \frac{1}{z_4-z_2} : \frac{1}{z_3-z_2}.$$

实际上是先将 z_1 视为有限,再令 $z_1 \to \infty$ 取极限得到.

注   四点的交比与四点的顺序有关,一般情况下,顺序不同,交比值也不同.

例 6.6 求交比 $(0,1,1+i,2)$ 和 $(i,1,1+i,\infty)$.

解 $(0,1,1+i,2)=\dfrac{2-0}{2-1} : \dfrac{1+i-0}{1+i-1}=2 : \dfrac{1+i}{i}=\dfrac{2i}{1+i}=1+i$;

$(i,1,1+i,\infty)=\dfrac{1}{1} : \dfrac{1+i-i}{1+i-1}=\dfrac{1}{i}=-i.$

定理 6.5 在分式线性变换下,四点的交比不变,即设 w_1,w_2,w_3,w_4 分别是 z_1,z_2,z_3,z_4 在分式线性变换 $w=\dfrac{az+b}{cz+d}$ $(ad-bc\neq 0)$ 下的像,则

$$(w_1,w_2,w_3,w_4) = (z_1,z_2,z_3,z_4).$$

从表面上看,分式线性变换 $w=\dfrac{az+b}{cz+d}$ 和四个复常数 a,b,c,d 有关,由于限定了条件 $ad-bc\neq 0$,即 a,b,c,d 中至少有一个不为零,因此我们可用不为零的数去除 $w=\dfrac{az+b}{cz+d}$ 的分子或分母,那么 $w=\dfrac{az+b}{cz+d}$ 实际上只与三个复常数有关. 要确定这三个复常数,只需要任意指定三对对应点:$z_k \xleftrightarrow{\ w=L(z)\ } w_k$ $(k=1,2,3)$. 根据定理 6.5,列表达式

$$(w_1,w_2,w_3,w) = (z_1,z_2,z_3,z),$$

即可得到变换 $w=\dfrac{az+b}{cz+d}$，其中 a,b,c,d 可由 z_k 和 $w_k(k=1,2,3)$ 来确定，且除了相差一个常数因子外是唯一的.

定理 6.6 设分式线性变换将扩充 z 平面上三个相异的点 z_1,z_2,z_3 指定分别映射成为 w_1,w_2,w_3，则此分式线性变换被唯一确定，并且有 $(w_1,w_2,w_3,w)=(z_1,z_2,z_3,z)$，即三对对应点唯一确定一个分式线性变换.

例 6.7 求将 $0,1,-1$ 分别映射成 $i,2,0$ 的分式线性变换.

解 所求分式线性变换为 $(0,1,-1,z)=(i,2,0,w)$，即

$$\frac{w-i}{w-2}:\frac{0-i}{0-2}=\frac{z-0}{z-1}:\frac{-1-0}{-1-1},$$

化简得 $\dfrac{w-i}{w-2}=i\dfrac{z}{z-1}$，于是所求的分式线性变换为

$$w=\frac{(z+1)i}{(i-1)z+1}.$$

直线可视为过无穷远点 ∞ 的圆周，即以 ∞ 为圆心，以 $+\infty$ 为半径的扩充 z 平面上的圆周. 因此，由整线性变换 $w=kz+h$ $(k\neq0)$ 的几何意义知，整线性变换将扩充 z 平面上的圆周映射成扩充 w 平面上的圆周. 反演变换 $w=\dfrac{1}{z}$ 也可将扩充 z 平面上的圆周映射成扩充 w 平面上的圆周. 事实上，由于 z 平面上圆周或直线方程为

$$Az\bar{z}+\bar{\beta}z+\beta\bar{z}+C=0,$$

其中 A,C 为实常数，β 为复常数，且 $|\beta|^2>AC$. 显然，当 $A=0$ 时，方程 $\bar{\beta}z+\beta\bar{z}+C=0$ 表示直线(参见习题一第 10,11 题). 经过反演变换 $w=\dfrac{1}{z}$，$Az\bar{z}+\bar{\beta}z+\beta\bar{z}+C=0$ 变为

$$Cw\bar{w}+\bar{\beta}\bar{w}+\beta w+A=0,$$

它仍表示圆周或直线. 也就是说，分式线性变换将圆周(直线)变为圆周或直线. 因此，可以说，分式线性变换具有**保圆周性**，即

定理 6.7 分式线性变换将扩充复平面上的圆周映射成扩充复平面上的圆周.

说明 设 $w=L(z)$ 是一个分式线性变换，C 为扩充 z 平面上的一个圆周，则 $\Gamma=L(C)$ 是扩充 w 平面上的一个圆周. 由于扩充复平面被圆周划分成两个区域，设 C 分扩充 z 平面的两个区域为 d_1 和 d_2，而 Γ 分扩充 w 平面的两个区域为 D_1 和 D_2，那么我们可以断定 d_1 的像必然是 D_1 和 D_2 中的一个，而 d_2 的像是 D_1 和 D_2 中的另一个. 我们可用以下两种方法确定 d_1 和 d_2 的对应区域:

方法 1：在区域 d_1 中取定一点 z_0，如果 $w_0=L(z_0)$ 在区域 D_1 中，那么可以断定 $D_1=L(d_1)$；否则 $D_2=L(d_1)$.

方法 2：在圆周 C 上任取三点 z_1,z_2,z_3，使观察者沿依 z_1,z_2,z_3 的方向绕行，区域 d_1 在

观察者的左方(可称 d_1 为 C 的左域). 根据共形性,观察者沿像曲线 $\Gamma=L(C)$ 也依 $w_1=L(z_1),w_2=L(z_2),w_3=L(z_3)$ 的方向绕行,则位于观察者左方的区域为 $D_1=L(d_1)$.

例 6.8　求将区域 $D:|z|>1$ 映射成区域 $G:\mathrm{Re}w<0$ 的分式线性变换.

解　在圆周 $|z|=1$ 上取三点 $z_1=1,z_2=-\mathrm{i},z_3=-1$,使得区域 $D:|z|>1$ 是圆周 $|z|=1$ 的左域.另外,在虚轴上取三点 $w_1=0,w_2=\mathrm{i},w_3=\infty$,使得区域 $G:\mathrm{Re}w<0$ 是 w_1, w_2,w_3 的左域.将 1 映射成 0,$-\mathrm{i}$ 映射成 i,-1 映射成 ∞ 的变换即为所求的分式线性变换. 由 $(1,-\mathrm{i},-1,z)=(0,\mathrm{i},\infty,w)$,得所求的分式线性变换为

$$w=\frac{(z-1)(1+\mathrm{i})}{(z+1)(-\mathrm{i}-1)}=\frac{1-z}{1+z}.$$

前面讨论了关于单位圆周的对称点的概念,现在我们将这一概念推广到一般圆周的情形.

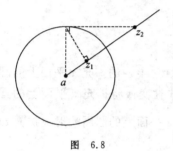

图　6.8

定义 6.5　设 z_1,z_2 是 z 平面上的两点,C 为圆周 $|z-a|=R$. 若 z_1,z_2 都在过圆心 a 的同一条射线上,且

$$|z_1-a||z_2-a|=R^2,$$

则称 z_1,z_2 **关于 C 对称**.规定圆心 a 与 ∞ 也是关于 C 对称的 (图 6.8).

由定义 6.5 知,点 z_1,z_2 关于圆周 $C:|z-a|=R$ 对称必须满足

$$z_2-a=\frac{R^2}{\overline{z_1-a}}.$$

它也就是关于一般圆周的对称点计算公式.

定理 6.8　设 $w=L(z)$ 为分式线性变换,C 为 z 平面上的一个圆周,点 z_1,z_2 关于圆周 C 对称,则像点 $w_1=L(z_1)$ 和 $w_2=L(z_2)$ 关于像圆周 $\Gamma=L(C)$ 也对称.

四、分式线性变换的应用

分式线性变换有着重要的应用,尤其是在处理边界为圆弧或直线的区域的变换中.分式线性变换中,除了平移、伸缩、旋转和相似四种基本变换比较常见外,还有三种变换经常使用,即把上半平面共形映射成上半平面、上半平面共形映射成单位圆、单位圆共形映射成单位圆的变换.下面举例说明,如何利用分式线性变换来实现边界为圆弧或直线的区域之间的共形映射.

例 6.9　证明:若分式线性变换 $w=L(z)=\dfrac{az+b}{cz+d}$ 满足条件:a,b,c,d 是实常数,且 $ad-bc>0$,则该变换把上半 z 平面共形映射成上半 w 平面.

证　由已知条件,当 z 为实数时,$w=L(z)=\dfrac{az+b}{cz+d}$ 也为实数,即变换 $L(z)$ 把实轴映射

成实轴. 又当 z 为实数时,有 $\dfrac{\mathrm{d}w}{\mathrm{d}z}=\dfrac{ad-bc}{(cz+d)^2}>0$,因此该变换把实轴映射成实轴且是同向的 (图 6.9),即分式线性变换 $w=L(z)$ 把上半 z 平面共形映射成上半 w 平面.

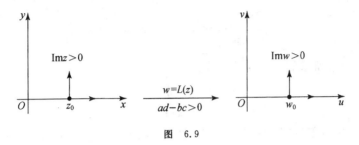

图 6.9

思考 例 6.9 中的分式线性变换会将下半 z 平面映射成什么区域?

例 6.10 求出将上半平面 $\mathrm{Im}z>0$ 共形映射成单位圆 $|w|<1$ 的分式线性变换 $w=L(z)$,使得 $L(a)=0$,其中 $\mathrm{Im}a>0$.

解 根据保对称点性,点 a 关于实轴的对称点 $\bar{a}$ 应被映射成 $w=0$ 关于单位圆周 $|w|=1$ 的对称点 $w=\infty$,因此,该分式线性变换具有如下形式:

$$w=k\,\frac{z-a}{z-\bar{a}},\quad \text{其中 } k \text{ 为常数.}$$

再根据保圆周性,$w=L(z)$ 将实轴映射成单位圆周 $|w|=1$,即实轴上的任一点一定被映射成单位圆周 $|w|=1$ 上的点,因此取 $z=0$,得 $w=k\dfrac{a}{\bar{a}}$. 由 $|w|=1$,得

$$1=|k|\,\left|\frac{a}{\bar{a}}\right|=|k|,\quad \text{即} \quad k=\mathrm{e}^{\mathrm{i}\theta},$$

其中 θ 为实常数,于是所求的分式线性变换为

$$w=\mathrm{e}^{\mathrm{i}\theta}\frac{z-a}{z-\bar{a}}\quad (\mathrm{Im}a>0).$$

思考 在例 6.10 中,如果我们要将上半平面映射成单位圆周 $|w|=1$ 的外部,那么所求变换应具有什么形式?

例 6.11 求出将上半平面 $\mathrm{Im}z>0$ 共形映射成上半平面 $\mathrm{Im}w>0$ 的分式线性变换 $w=L(z)$,使得 $L(0)=0,L(\mathrm{i})=1+\mathrm{i}$.

解 由例 6.9 知,可设所求的分式线性变换为

$$w=L(z)=\frac{az+b}{cz+d},$$

其中 a,b,c,d 是实常数,且 $ad-bc>0$. 由 $L(0)=0$,得 $\dfrac{b}{d}=0$,即 $b=0$,从而 $a\neq0$,于是

$$w = \frac{z}{ez + f},$$

其中 $e = \frac{c}{a}, f = \frac{d}{a}$ 都为实数. 又由 $L(\mathrm{i}) = 1 + \mathrm{i}$, 得

$$1 + \mathrm{i} = \frac{\mathrm{i}}{\mathrm{i}e + f}, \quad 即 \quad (f - e) + \mathrm{i}(f + e) = \mathrm{i},$$

所以 $e = f = \frac{1}{2}$, 于是所求的分式线性变换为

$$w = \frac{2z}{z + 1}.$$

例 6.12   求出将单位圆 $|z| < 1$ 共形映射成单位圆 $|w| < 1$ 的分式线性变换 $w = L(z)$, 使得 $L(a) = 0$, 其中 $|a| < 1, a \neq 0$.

解   根据保对称点性, 点 a 关于单位圆周 $|z| = 1$ 的对称点 $\frac{1}{\bar{a}}$ 应被映射成点 $w = 0$ 关于单位圆周 $|w| = 1$ 的对称点 $w = \infty$, 因此, 该分式线性变换具有如下形式:

$$w = k \frac{z - a}{z - \frac{1}{\bar{a}}} = -k\bar{a} \frac{z - a}{1 - \bar{a}z} = k_1 \frac{z - a}{1 - \bar{a}z},$$

其中 k_1 为复常数. 再根据保圆周性, $w = L(z)$ 将单位圆周 $|z| = 1$ 映射成单位圆周 $|w| = 1$, 即单位圆周 $|z| = 1$ 上的任一点一定映射成单位圆周 $|w| = 1$ 上的点, 因此取 $z = 1$, 得

$$w = k_1 \frac{1 - a}{1 - \bar{a}}.$$

由 $|w| = 1$, 得

$$1 = |k_1| \left| \frac{1 - a}{1 - \bar{a}} \right| = |k_1|, \quad 即 \quad k_1 = \mathrm{e}^{\mathrm{i}\theta},$$

其中 θ 为实常数, 于是所求的分式线性变换为

$$w = \mathrm{e}^{\mathrm{i}\theta} \frac{z - a}{1 - \bar{a}z} \quad (|a| < 1, a \neq 0).$$

思考   在例 6.12 中, 如果我们要将单位圆 $|z| < 1$ 映射成单位圆周 $|w| = 1$ 的外部, 那么所求的变换应具有什么形式?

§3 某些初等函数构成的共形映射

共形映射的一般理论对做出具体区域之间的共形映射具有一定的指导意义. 比如说, 对于定义在某区域内的解析函数, 我们只要能找到单叶性区域, 那么由此而得到的映射必然是共形映射. 为了做出具体区域之间的共形映射, 我们不仅要熟悉分式线性变换, 还要掌握一

些基本初等函数,这是因为许多复杂的共形映射往往由这些基本初等函数所组成的.这一节我们介绍几类由基本初等函数(幂函数、根式函数、指数函数、对数函数)构成的共形映射.研究初等函数构成的共形映射对讨论其他复杂的共形映射有着重要的作用.

一、幂函数与根式函数

幂函数 $w=z^n$(n 为正整数)是 z 平面上的单值解析函数,它将扩充 z 平面变为扩充 w 平面,且除了点 $z=0$ 及 $z=\infty$ 外,处处具有不为零的导数,因此它在这些点是保角的.

由幂函数的性质知,幂函数 $w=z^n$(n 为正整数)的单叶性区域是顶点在原点,张角不超过 $\dfrac{2\pi}{n}$ 的角形区域.例如,幂函数 $w=z^n$ 在角形区域 D:$0<\arg z<\theta\left(0<\theta\leqslant\dfrac{2\pi}{n}\right)$ 内单叶解析,因而也是共形的.于是,幂函数 $w=z^n$ 将角形区域 D:$0<\arg z<\theta\left(0<\theta\leqslant\dfrac{2\pi}{n}\right)$ 共形映射成角形区域 $\widetilde{D}$:$0<\arg w<n\theta$(图 6.10).特别地,当 z 平面上的角形区域分别为 $0<\arg z<\dfrac{\pi}{n}$ 和 $-\dfrac{\pi}{n}<\arg z<\dfrac{\pi}{n}$ 时,在幂函数变换 $w=z^n$ 下,它们就分别被映射成 w 平面上的上半平面和去掉原点及负实轴的区域,如图 6.11(a),(b)所示.

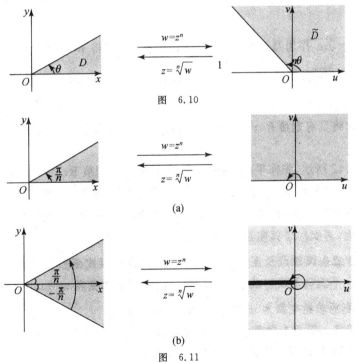

图 6.10

(a)

(b)

图 6.11

由此可知,在幂函数变换 $w=z^n$ 下,有

(1) z 平面上的角形区域 $\dfrac{2k\pi}{n}<\theta<\dfrac{2k\pi}{n}+\dfrac{\pi}{n}$ $(k=0,1,\cdots,n-1)$ 都被映射成 w 平面上的上半平面.更一般地,z 平面上顶点在原点,张角为 $\dfrac{\pi}{n}$ 的角形区域都被映射成 w 平面上的一个半平面.

(2) z 平面上的角形区域 $\dfrac{2k\pi}{n}-\dfrac{\pi}{n}<\theta<\dfrac{2k\pi}{n}+\dfrac{\pi}{n}$ $(k=0,1,\cdots,n-1)$ 都映射成 w 平面上去掉原点及负实轴的区域.更一般地,z 平面上顶点在原点,张角为 $\dfrac{2\pi}{n}$ 的角形区域都被映射成 w 平面上去掉从原点出发的一条射线的区域.

(3) z 平面上顶点在原点,张角不超过 $\dfrac{2\pi}{n}$ 的角形区域都被映射成 w 平面上顶点在原点,张角为原来角形区域张角 n 倍的角形区域.

思考　幂函数 $w=z^n$ 将角形区域 $0<\arg z<\dfrac{2\pi}{n}$ 共形映射成 w 平面上的什么区域?(答案:幂函数 $w=z^n$ 将角形区域 $0<\arg z<\dfrac{2\pi}{n}$ 共形映射成 w 平面上去掉原点及正实轴的区域)

根式函数 $z=\sqrt[n]{w}$ 作为幂函数 $w=z^n$ 的逆变换,它可将 w 平面上的角形区域 $\tilde{D}$: $0<\arg w<n\theta$ $\left(0<\theta\leqslant\dfrac{2\pi}{n}\right)$ 共形映射成 z 平面上的角形区域 D: $0<\arg z<\theta$ ($\sqrt[n]{w}$ 是 $\tilde{D}$ 内的一个单值解析分支,其值完全由区域 D 确定),如图 6.10 所示.

例 6.13　求将具有割痕 $\mathrm{Re}z=a,0\leqslant\mathrm{Im}z\leqslant h$ 的上半 z 平面共形映射成上半 w 平面的变换.

解　如图 6.12 所示,先作平移变换 $z_1=z-a$,将具有割痕 $\mathrm{Re}z=a,0\leqslant\mathrm{Im}z\leqslant h$ 的上半 z 平面共形映射成具有割痕 $\mathrm{Re}z_1=0,0\leqslant\mathrm{Im}z_1\leqslant h$ 的上半 z_1 平面;其次作幂函数变换 $z_2=z_1^2$,将具有割痕 $\mathrm{Re}z_1=0,0\leqslant\mathrm{Im}z_1\leqslant h$ 的上半 z_1 平面共形映射成具有割痕 $\mathrm{Im}z_2=0,-h^2\leqslant\mathrm{Re}z_2<+\infty$ 的 z_2 平面;再次作平移变换 $z_3=z_2+h^2$,将具有割痕 $\mathrm{Im}z_2=0,-h^2\leqslant\mathrm{Re}z_2<+\infty$ 的 z_2 平面共形映射成去掉原点及正实轴的 z_3 平面;然后作根式函数变换 $z_4=\sqrt{z_3}$,将去掉原点及正实轴的 z_3 平面共形映射成上半 z_4 平面;最后作平移变换 $w=z_4+a$,并与上述四种变换复合,即可得到所求的变换为 $w=\sqrt{(z-a)^2+h^2}+a$.

例 6.14　求将 z 平面上的角形区域 $-\pi/4<\arg z<\pi/2$ 共形映射成上半 w 平面的变换,且使得点 $z=1-\mathrm{i},\mathrm{i},0$ 分别被映射成 $w=2,-1,0$.

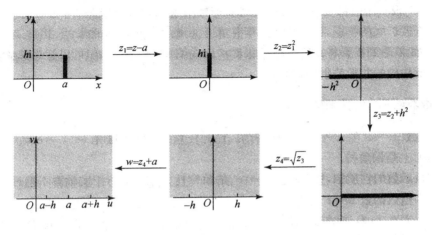

图　6.12

解　如图 6.13 所示,先作幂函数变换 $\zeta=(\mathrm{e}^{\pi\mathrm{i}/4}z)^{4/3}$ 将 z 平面上的角形区域 $-\pi/4<\arg z<\pi/2$ 共形映射成上半 ζ 平面,并使得点 $z=1-\mathrm{i},\mathrm{i},0$ 分别被映射成 ζ 平面上的点 $\zeta=\sqrt[3]{4}$, $-1,0$.根据保交比性质,再作变换 $(w,2,-1,0)=(\zeta,\sqrt[3]{4},-1,0)$,即

$$w=\frac{2(\sqrt[3]{4}+1)\zeta}{(\sqrt[3]{4}-2)\zeta+3\sqrt[3]{4}},$$

它将上半 ζ 平面共形映射成上半 w 平面,且使 ζ 平面上的点 $\zeta=\sqrt[3]{4},-1,0$ 分别被映射成 w 平面上的点 $w=2,-1,0$.复合上述两个变换,即可得到所求的变换为

$$w=\frac{2(\sqrt[3]{4}+1)(\mathrm{e}^{\pi\mathrm{i}/4}z)^{4/3}}{(\sqrt[3]{4}-2)(\mathrm{e}^{\pi\mathrm{i}/4}z)^{4/3}+3\sqrt[3]{4}}.$$

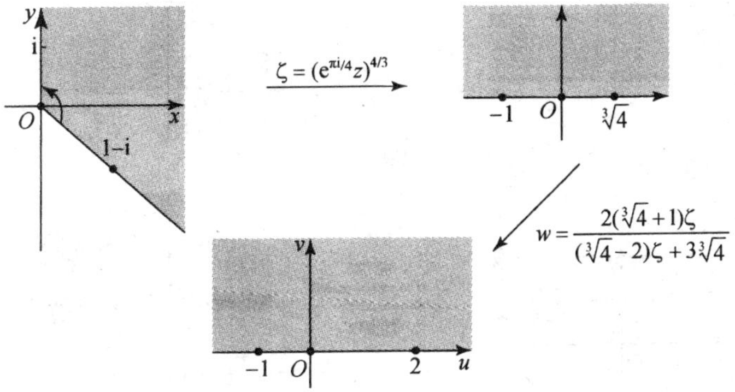

图　6.13

幂函数与根式函数都具有把角形区域共形映射成角形区域的特点,且幂函数具有把角形区域的张度扩大的特点,根式函数具有把角形区域的张度缩小的特点. 因此,在今后的学习过程中,如果遇到需要将角形区域的张度扩大或缩小的情况,我们可以适当选择幂函数或根式函数所构成的共形映射来实现.

二、指数函数与对数函数

指数函数 $w=\mathrm{e}^z$ 在 z 平面上是解析的,且对任意的有限点都有 $(\mathrm{e}^z)'=\mathrm{e}^z\neq 0$,因此 $w=\mathrm{e}^z$ 在 z 平面上是保角的.

由指数函数的性质知,指数函数 $w=\mathrm{e}^z$ 的单叶性区域是平行于实轴宽不超过 2π 的带形区域. 例如,指数函数 $w=\mathrm{e}^z$ 在带形区域 $D:0<\mathrm{Im}z<h(0<h\leqslant 2\pi)$ 内是单叶的,因而也是共形的($z=\infty$ 不在 D 内,而在 D 的边界上). 于是指数函数 $w=\mathrm{e}^z$ 将带形区域 $D:0<\mathrm{Im}z<h$ $(0<h\leqslant 2\pi)$ 共形映射成角形区域 $\widetilde{D}:0<\arg w<h$,如图 6.14 所示. 特别地,当 z 平面上的带形区域分别为 $0<\mathrm{Im}z<\pi$ 和 $-\pi<\mathrm{Im}z<\pi$ 时,在指数函数变换 $w=\mathrm{e}^z$ 下,它们就分别被映射成 w 平面上的上半平面和去掉原点及负实轴的区域,如图 6.15(a),(b)所示.

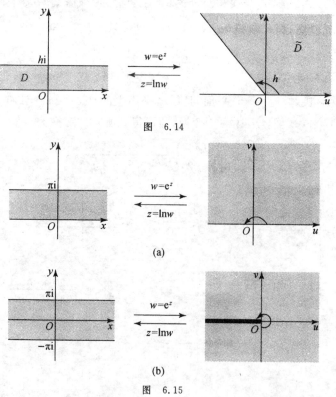

图 6.14

(a)

(b)

图 6.15

由此得到以下结论：在指数函数变换 $w=\mathrm{e}^z$ 下,有

(1) z 平面上的带形区域 $2k\pi<\mathrm{Im}z<2k\pi+\pi$ ($k\in\mathbf{Z}$)都被映射成 w 平面上的上半平面. 更一般地,z 平面上两边都平行于实轴,宽度为 π 的带形区域都被映射成 w 平面上的一个半平面.

(2) z 平面上的带形区域 $2k\pi-\pi<\mathrm{Im}z<2k\pi+\pi$ ($k\in\mathbf{Z}$)都映射成 w 平面上去掉原点及负实轴的区域. 更一般地,z 平面上两边都平行于实轴,宽度为 2π 的带形区域都被映射成 w 平面上去掉从原点出发的一条射线的区域.

(3) z 平面上两边都平行于实轴,宽度不超过 2π 的带形区域都被映射成 w 平面上以原点为顶点,张度不超过 2π 的角形区域,且 $w=\mathrm{e}^z$ 在此角形区域内共形.

思考 指数函数变换 $w=\mathrm{e}^z$ 将 z 平面上两边都平行于实轴,宽度不超过 2π 的带形区域 $0<\mathrm{Im}z<2\pi$ 共形映射成 w 平面上的什么区域?(答案：将 z 平面上的带形区域 $0<\mathrm{Im}z<2\pi$ 共形映射成 w 平面上去掉原点及正实轴的区域.)

对数函数 $z=\ln w$ 作为指数函数 $w=\mathrm{e}^z$ 的逆变换,它可将 w 平面上的角形区域 $\widetilde{D}：0<\arg w<h$ ($0<h\leqslant 2\pi$)共形映射成 z 平面上的带形区域 $D：0<\mathrm{Im}z<h$ ($\ln w$ 是 $\widetilde{D}$ 内的一个单值解析分支,其值完全由区域 D 确定),如图 6.14 所示.

例 6.15 求将 z 平面上的带形区域 $0<\mathrm{Im}z<\pi$ 共形映射成 w 平面上的单位圆 $|w|<1$ 的变换.

解 如图 6.16 所示,先作指数函数变换 $\zeta=\mathrm{e}^z$ 将 z 平面上的带形区域 $0<\mathrm{Im}z<\pi$ 共形映射成上半 ζ 平面,再作分式线性变换 $w=\dfrac{\zeta-\mathrm{i}}{\zeta+\mathrm{i}}$ 将上半 ζ 平面共形映射成 w 平面上的单位圆 $|w|<1$. 复合上述两个变换,即可得到所求的变换为

$$w=\frac{\mathrm{e}^z-\mathrm{i}}{\mathrm{e}^z+\mathrm{i}}.$$

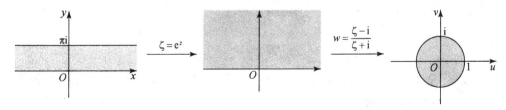

图 6.16

同幂函数与根式函数类似,指数函数具有把带形区域共形映射成角形区域的特点,而对数函数具有把角形区域共形映射成带形区域的特点. 今后,在学习过程中,如果遇到需要将带形区域映射成角形区域的情况,可以适当选择指数函数所构成的共形映射来实现;如果遇

到需要将角形区域映射成带形区域的情况,可以适当选择对数函数所构成的共形映射来实现.

三、两角形区域的共形映射

借助于分式线性变换、幂函数或指数函数的复合,可以将二圆弧或直线段所构成的两角形区域(也称透镜形区域)共形映射成一个常见的区域(比如半平面区域).

由分式线性变换的保圆性,它将两角形区域共形映射成同样的区域或者弓形区域、角形区域.只要圆周(或直线)上有一个点被映射成 $w=\infty$,则此圆周(或直线)就被映射成直线;如果圆周(或直线)上没有点被映射成 $w=\infty$,则它就被映射成有限半径的圆周.因此,若两个圆弧的一个交点被映射成 $w=\infty$,则此两个圆弧所围成的两角形区域就被共形映射成角形区域.

例 6.16 如图 6.17 所示,设两角形区域中两圆弧的交角是 π/n,求将两个圆弧所界定的区域映射成上半平面的共形映射.

解 设两个圆弧的交点分别为 a 和 b.作分式线性变换 $\zeta=k\dfrac{z-a}{z-b}$(其中 k 为常数)将点 a 和 b 分别映射成 ζ 平面上的原点和 ∞.适当选取常数 k 的值,如令将图中点 z_0 映射成 ζ 平面上的点 $\zeta=1$,可使给定的区域共形映射成角形区域 $0<\arg\zeta<\pi/n$.再作幂函数变换 $w=\zeta^n$,即可将角形区域 $0<\arg\zeta<\pi/n$ 共形映射成上半 w 平面.故所求的共形映射为

$$w=\left(k\frac{z-a}{z-b}\right)^n.$$

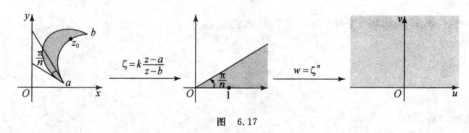

图 6.17

例 6.17 求将 z 平面上内相切于点 a 的两个圆周所构成的区域(通常称为月牙形区域)共形映射成上半平面的变换.

解 如图 6.18 所示,根据分式线性变换的保圆周性和共形性,作变换 $\zeta=\dfrac{cz+d}{z-a}$(其中 c 和 d 为常数),将点 a 映射成 ζ 平面上的 ∞,故它将两个圆周映射成两平行直线,即将月牙形区域共形映射成带形区域.只要适当选取常数 c 和 d,如令将圆周上点 z_1 和点 z_2 分别映射成 ζ 平面上的点 ζ_1 和 ζ_2(图 6.18),所述的区域就能被共形映射成带形区域 $0<\mathrm{Im}\zeta<\pi$.再

作指数函数变换 $w=\mathrm{e}^{\zeta}$ 可将带形区域 $0<\mathrm{Im}\,\zeta<\pi$ 共形映射成上半 w 平面. 复合上述两个变换得到所求的变换为 $w=\mathrm{e}^{\frac{cz+d}{z-a}}$.

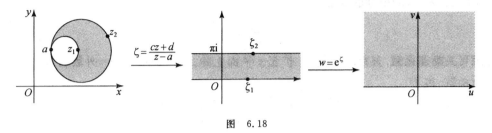

图　6.18

例 6.18　求一个共形映射,使得它把扩充 z 平面上的单位圆周的外部 $|z|>1$ 映射成扩充 w 平面上去掉割线 $-1\leqslant\mathrm{Re}\,w\leqslant1,\mathrm{Im}\,w=0$ 的区域.

解　如图 6.19 所示,先作变换 $\omega=\dfrac{w+1}{w-1}$,把 w 平面上的割线 $-1\leqslant\mathrm{Re}\,w\leqslant1,\mathrm{Im}\,w=0$ 映射成 ω 平面上从原点出发的负实轴,而把扩充 w 平面上去掉割线 $-1\leqslant\mathrm{Re}\,w\leqslant1,\mathrm{Im}\,w=0$ 的区域映射成 ω 平面上去掉原点和负实轴的区域;其次作变换 $\zeta=\dfrac{z+1}{z-1}$,把 z 平面上的单位圆周 $|z|=1$ 映射成 ζ 平面上的虚轴,而把扩充 z 平面上单位圆周的外部 $|z|>1$ 映射成右半 ζ 平面;再次作变换 $\omega=\zeta^{2}$,把右半 ζ 平面映射成 ω 平面上去掉原点和负实轴的区域;最后复合上述三种变换,即可得到所求的共形映射为 $w=\dfrac{1}{2}\left(z+\dfrac{1}{z}\right)$.

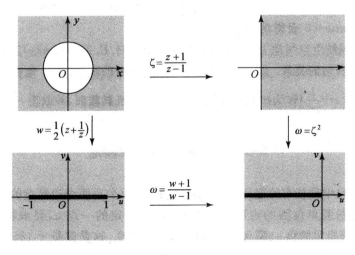

图　6.19

思考   结合例 6.18,试写出把扩充 z 平面上单位圆周的内部 $|z|<1$ 映射成扩充 w 平面上去掉割线 $-1\leqslant \mathrm{Re}w\leqslant 1,\mathrm{Im}w=0$ 的区域的共形映射.

在例 6.18 中,所得到的函数

$$w=\frac{1}{2}\left(z+\frac{1}{z}\right)$$

称为**儒可夫斯基函数**.显然,该函数在扩充 z 平面上除点 $z=0$ 和 $z=\infty$ 外解析,且是一个单叶解析函数.由于

$$\frac{\mathrm{d}w}{\mathrm{d}z}=\frac{1}{2}\left(1-\frac{1}{z^2}\right),$$

因此 $w=\frac{1}{2}\left(z+\frac{1}{z}\right)$ 在除点 $z=0$ 和 $z=\pm1$ 外处处共形.

儒可夫斯基函数 $w=\frac{1}{2}\left(z+\frac{1}{z}\right)$ 把扩充 z 平面上单位圆周的外部 $|z|>1$ 映射成扩充 w 平面上去掉割线 $-1\leqslant \mathrm{Re}w\leqslant 1,\mathrm{Im}w=0$ 而得的区域,记为 D.由于分式线性变换 $\zeta=\frac{1}{z}$ 将扩充 z 平面上单位圆周的外部 $|z|>1$ 共形映射成单位圆 $|\zeta|<1$,把 $\zeta=\frac{1}{z}$ 代入 $w=\frac{1}{2}\left(z+\frac{1}{z}\right)$ 中,得 $w=\frac{1}{2}\left(\zeta+\frac{1}{\zeta}\right)$,可见 $w=\frac{1}{2}\left(z+\frac{1}{z}\right)$ 把扩充 z 平面上单位圆周的内部 $|z|<1$ 映成扩充 w 平面上的区域 D.换句话说,儒可夫斯基函数 $w=\frac{1}{2}\left(z+\frac{1}{z}\right)$ 在单位圆周 $|z|=1$ 的内部和外部都是单叶的,且将它们都共形映射成扩充 w 平面上去掉割线 $-1\leqslant \mathrm{Re}w\leqslant 1,\mathrm{Im}w=0$ 而得的区域 D.

1940 年,俄国航空空气动力学奠基人儒可夫斯基(H. E. Zhukovsky)发现了机翼举力和速度环量之间有密切的关系.这一关系是设计机翼剖面的理论基础.他曾以著名的儒可夫斯基函数 $w=\frac{1}{2}\left(z+\frac{1}{z}\right)$ 作为出发点,来研究各种飞机机翼截面,并取得一定的成效.

§4   共形映射的一般理论

共形映射理论中最基本的定理是**黎曼映射定理**:至少有两个边界点的任意单连通区域一定可以共形映射到单位圆的内部.如果对区域中指定的一点 a,要求将 a 映射为 0,且 $\arg f'(a)$ 等于已经给定的角 α,那么这样的映射是唯一的.这是黎曼于 1851 年证明的,当时的证明略有不足之处,直至 1990 年奥斯古德(W. F. Osgood)才给出了严格的证明.对于多连通区域也有相应的定理,但要求多连通区域具有相同的连通数(连通数是拓扑不变量).本

节只针对单连通区域讨论在满足什么条件时,区域之间的映射可以通过共形映射来实现.

一、黎曼存在定理

许多实际问题要求我们将一个指定区域共形映射成另一个区域来处理.根据定理 6.7,我们知道,已知一个单叶解析函数一定能够将其单叶性区域共形映射成另一个区域.于是,我们会反过来考虑共形映射理论中的一些基本问题.

在扩充复平面上任意给定两个单连通区域 D 和 G,是否存在一个单叶解析函数,使得 D 能共形映射成 G? 或者说,单连通区域 D 能被共形映射成单连通区域 G 的条件是什么? 在什么条件下这样的映射是唯一的?

为了方便解决这个问题,我们将它简化为:对于在扩充复平面上任意给定的单连通区域 D,是否存在一个共形映射,将区域 D 共形映射成单位圆? 在什么条件下,这种映射还是唯一的?

事实上,在简化后的问题中,如果共形映射存在并且唯一,那么我们可以先将区域 D 共形映射成单位圆,然后再将单位圆共形映射成区域 G,最后将两者复合起来,即可得到将区域 D 共形映射成区域 G 的映射,并且也可以弄清楚相应的唯一性条件.

定理 6.9(黎曼存在定理) 设 D 为扩充复平面上的单连通区域,其边界不止一点,则在区域 D 内存在唯一一个单叶解析函数 $w = f(z)$,它将区域 D 共形映射成单位圆 $|w| < 1$,且满足条件 $f(a) = 0, f'(a) > 0, a \in D$.

证 对于定理 6.9,我们只证唯一性.关于定理中的存在性部分的证明可以参看余家荣编著的《复变函数(第三版)》.

假设还有一个单叶解析函数 $w = g(z)$ 满足条件 $g(a) = 0, g'(a) > 0, a \in D$,并把单连通区域 D 共形映射成单位圆 $|w| < 1$. 下面证明在区域 D 内有 $g(z) \equiv f(z)$ 成立.

由于函数 $w = g(z)$ 的反函数 $z = \varphi(w)$ 把单位圆 $|w| < 1$ 共形映射成区域 D,因此 $F(w) = f[\varphi(w)]$ 把单位圆 $|w| < 1$ 映射到本身,且有 $F(0) = f[\varphi(0)] = f(a) = 0$. 由施瓦茨引理[①]有 $|F(w)| \leqslant |w|$. 把 $w = g(z)$ 代入上式,得

$$|g(z)| \geqslant |f(z)|, \quad z \in D.$$

同理可证,有

[①] **施瓦茨引理**:设函数 $f(z)$ 在单位圆 $|z| < 1$ 内解析,在闭圆 $|z| \leqslant 1$ 上连续,并且 $f(0) = 0$, $|f(z)| \leqslant 1$ ($|z| < 1$),则在单位圆 $|z| < 1$ 内恒有 $|f(z)| \leqslant |z|$, $|f'(0)| \leqslant 1$. 前一不等式在某非零处等号成立或 $|f'(0)| = 1$,当且仅当存在一个实数 α,使得 $f(z) = e^{i\alpha}z$. 此时 $f(z)$ 是一个旋转. 对于此引理的证明,可看郑建华编著的《复变函数》(第 97 页). 从几何上看,施瓦茨引理表明,在利用解析函数 $w = f(z)$(满足 $f(0) = 0$)把单位圆映射为一个位于单位圆内部的区域时,任何一个点 z 的像,都比点 z 本身距坐标原点更近. 如果有一个非零点的像和它本身与坐标原点有同样的距离,那么 $f(z)$ 只能是旋转变换.

$$|g(z)| \leqslant |f(z)|, \quad z \in D.$$

所以,当 $z \in D$ 时,有 $|g(z)| = |f(z)|$. 又因 $f(a) = g(a) = 0$,且 $f'(a) > 0, g'(a) > 0$,所以 $\dfrac{f(z)}{g(z)}$ 在区域 D 内解析. 显然 $\left| \dfrac{f(z)}{g(z)} \right| \equiv 1$. 根据最大模原理,有

$$f(z) = e^{i\theta} g(z),$$

其中 θ 为一实常数. 再根据 $f'(a) > 0$ 与 $g'(a) > 0$,可推出 $e^{i\theta} = 1$,从而在区域 D 内恒有

$$g(z) = f(z).$$

注 (1) 定理 6.9 是黎曼于 1851 年提出的. 在该定理中,如果不满足条件 $f(a) = 0$, $f'(a) > 0$ $(a \in D)$,那么把区域 D 共形映射成单位圆 $|w| < 1$ 的单叶解析函数有无穷多个. 因此,我们称条件"$f(a) = 0, f'(a) > 0$ $(a \in D)$"为把区域 D 共形映射成单位圆 $|w| < 1$ 的唯一性条件. 其几何意义是,把指定的点 $a \in D$ 映射成单位圆的圆心,而在点 a 的旋转角为 0.

(2) 若将单位圆 $|w| < 1$ 改为一般的单连通区域 G,则唯一性条件可改为"$f(a) = b$, $\arg f'(a) = \alpha$,其中 $a \in D, b \in G, \alpha$ 为实常数".

黎曼存在定理是很重要的一个定理,它是近代复变函数几何理论的起点. 定理中指出了可以把某些区域共形映射成单位圆,至于怎样求具体的映射,还有待于研究. 换句话说,此定理虽然未给出寻求共形映射 $w = f(z)$ 的方法,但它肯定了这种映射总是存在的. 该定理在复变函数的理论及其应用中都有着极其重要的意义,利用它我们可将在一般的单连通区域内所讨论的问题转化到单位圆内来讨论.

二、黎曼边界对应定理

可以看出,黎曼存在定理所讨论的问题,只涉及区域内部之间的共形映射,并没有涉及边界的情况,因此黎曼存在定理只能保证两个适当的单连通区域之间存在共形映射,但不能说明这两个单连通区域的边界之间是否也有对应关系. 为此我们还需单独讨论边界的情况.

定理 6.10(黎曼边界对应定理) 设两个有界单连通区域 D 和 G 的边界分别为 C 和 Γ. 若单叶解析函数 $w = f(z)$ 将区域 D 共形映射成区域 G,则 $w = f(z)$ 可以唯一地连续延拓到边界 C 上(即存在唯一的函数 $F(z)$,满足 $F(z) = f(z), z \in D$,且在闭区域 $\overline{D} = D + C$ 上连续),并将 C 一一地映射成 Γ.

由于定理 6.10 的证明过程比较复杂,因此我们在此略去其证明. 下面的定理在一定程度上可以看成是定理 6.10 的逆定理,它在共形映射的实际应用中有着重要的作用.

定理 6.11(黎曼边界对应定理的逆定理) 设两个有界单连通区域 D 和 G 的边界分别为 C 和 Γ. 若函数 $w = f(z)$ 满足如下条件:

(1) 函数 $w = f(z)$ 在区域 D 内解析,在闭区域 $\overline{D} = D + C$ 上连续;

（2）函数 $w=f(z)$ 将 C 一一地映射成 Γ，

则函数 $w=f(z)$ 在区域 D 内单叶，且 $G=f(D)$，即 $w=f(z)$ 将区域 D 共形映射成区域 G.

证 首先，证明对于区域 G 内的任意点 w_0，方程 $f(z)-w_0=0$ 在区域 D 内有且只有唯一的根.

根据辐角原理，由条件（2），当点 z 沿 C 的正向绕行一周时，像点 $w=f(z)$ 应沿像曲线 Γ 的正向或者负向绕行一周，因此

$$N(f(z)-w_0,C)=\frac{1}{2\pi}\Delta_C\arg(f(z)-w_0)=\frac{1}{2\pi}\Delta_\Gamma\arg(w-w_0)$$
$$=\frac{1}{2\pi}\cdot(\pm2\pi)=\pm1.$$

显然，应舍掉 -1（因为 $N\geqslant0$），故 $N(f(z)-w_0,C)=1$. 这说明方程 $f(z)-w_0=0$ 在 D 内有且只有唯一的根. 因此存在唯一的点 $z_0\in D$，使得 $w_0=f(z_0)$. 这既证明了函数 $w=f(z)$ 在区域 D 内的单叶性，也证明了 $w_0\in f(D)$，$G\subset f(D)$.

其次，证明对于 Γ 外部的任意点 w_0，方程 $f(z)-w_0=0$ 在 D 内无根.

根据辐角原理，由于当点 z 沿 C 的正向绕行一周时，像点 $w=f(z)$ 应沿像曲线 Γ 的正向或者负向绕行一周，而 w_0 在 Γ 的外部，像曲线 Γ 不会绕 w_0 变化，所以

$$N(f(z)-w_0,C)=\frac{1}{2\pi}\Delta_C\arg(f(z)-w_0)=\frac{1}{2\pi}\Delta_\Gamma\arg(w-w_0)=2\pi\cdot0=0.$$

这说明方程 $f(z)-w_0=0$ 在区域 D 内无根.

最后，证明对于 Γ 上的任意点 w_0，方程 $f(z)-w_0=0$ 在区域 D 内无根.

假设存在一点 $z_0\in D$，使得 $w_0=f(z_0)$. 根据解析函数的保域性，一定存在以点 w_0 为圆心的圆周 γ，使得对 γ 内部的任意点 w_1，方程 $f(z)-w_1=0$ 在区域 D 内有根. 特别地，对于在 γ 内部且在 Γ 外部的点 w_1，方程 $f(z)-w_1=0$ 在区域 D 内也有根. 这与第二步所得的结论矛盾，故对于 Γ 上的任意点 w_0，方程 $f(z)-w_0=0$ 在区域 D 内无根.

综合第二、三步知，对于任意 $w_0\notin G$，方程 $f(z)-w_0=0$ 在区域 D 内无根. 这就证明了 $G\supset f(D)$.

综上所述，命题成立.

注 定理 6.11 可以作为解析函数单叶性的一个判别方法.

例 6.19 证明：变换 $w=z^2$ 将圆周 $r=\cos\theta$ 的内部共形映射成心形线

$$\rho=\frac{1}{2}(1+\cos\varphi)$$

的内部.

证 令 $w=\rho e^{i\varphi}$，$z=r e^{i\theta}$. 由于圆周 $r=\cos\theta$ 及其内部都在顶点为原点，张度为 π 的角形区域 $-\pi/2<\arg z<\pi/2$ 内，而 $w=z^2$ 在此角形区域内是单叶的，因此映射 $w=z^2$ 将圆周

$r=\cos\theta$ 共形映射成心形线 $\rho=\dfrac{1}{2}(1+\cos\varphi)$，且是一一的. 于是映射 $w=z^2$ 必将圆周 $r=\cos\theta$

的内部共形映射成心形线 $\rho=\dfrac{1}{2}(1+\cos\varphi)$ 的内部，如图 6.20(a)，(b)所示.

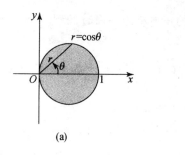
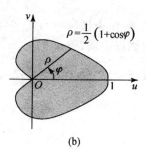

图 6.20

这一章主要介绍了共形映射的相关理论. 共形映射是复变函数论中最重要的概念之一，它与物理学中的一些概念密切相连，而且在共形映射下，有些物理量的若干性质保持不变，因此它在物理学的许多领域中都有着重要的应用，比如流体力学、空气动力学、弹性力学、电磁场与力场理论中的许多实际问题都可以用共形映射的相关理论圆满地解决.

习 题 六

1. 简述 $\arg f'(z_0)$ 和 $|f'(z_0)|$ 的几何意义.

2. 求下列映射在点 $z_0=2-i$ 的旋转角和伸缩率，并说明它将 z 平面上的哪一部分放大，哪一部分缩小：

(1) $w=3z^2-2z$；　　(2) $w=\ln(z-1)$；　　(3) $w=4z+5$.

3. 将分式线性变换 $w=\dfrac{3z+4}{iz-1}$ 分解为基本变换的复合.

4. 求下列交比：

(1) $(i,2,2+i,4)$；　　　　　　　　(2) $(i,2,\infty,4)$；

(3) $(i,\infty,2+i,4)$；　　　　　　　(4) $(\infty,2,2+i,4)$.

5. 求下列分式线性变换：

(1) 将 $1,i,-i$ 分别映射成 $1,0,-1$ 的分式线性变换；

(2) 将 $\infty,i,0$ 分别映射成 $0,i,\infty$ 的分式线性变换；

(3) 将 $1,i,-1$ 分别映射成 $\infty,-1,0$ 的分式线性变换；

(4) 将 $1,-1,-i$ 分别映射成 $0,-1+i,i$ 的分式线性变换.

6. 求将 $1,i,-i$ 分别映射成 $1,0,-1$ 的分式线性变换. 问：该分式线性变换把 $|z|<1$ 映射成什么区域？

7. 求下列分式线性变换的不动点：

(1) $w=1+\dfrac{1}{z}$；   (2) $w=\dfrac{4z-1}{z+2}$；   (3) $w=2z+1$；   (4) $w=\dfrac{z}{2z+3}$.

8. 如果分式线性变换 $w=\dfrac{az+b}{cz+d}$ 将 z 平面上的直线映射成 w 平面上的单位圆 $|w|<1$，那么它的各系数之间应满足什么条件？

9. 讨论下列图形在映射 $w=iz$ 下会被映射成什么图形：

(1) 以 $z_1=i,z_2=-1,z_3=1$ 为顶点的三角形；

(2) 闭圆 $|z-1|\leqslant 1$.

10. 下列区域在指定的映射下会被映射成什么区域？

(1) $\operatorname{Re}z>0$，在 $w=i(z+1)$ 下；   (2) $\operatorname{Im}z>0$，在 $w=(i+1)z$ 下；

(3) $0<\operatorname{Im}z<\dfrac{1}{2}$，在 $w=\dfrac{1}{z}$ 下；   (4) $\operatorname{Re}z>1,\operatorname{Im}z>0$，在 $w=\dfrac{1}{z}$ 下；

(5) $|z|<R$，在 $w=z^2$ 下；   (6) $\operatorname{Im}z>0$，在 $w=\dfrac{z}{1+z^2}$ 下.

11. 求将上半平面 $\operatorname{Im}z>0$ 共形映射成单位圆 $|w|<1$ 的分式线性变换 $w=L(z)$，使得分别满足下列条件：

(1) $L(i)=0,L(-1)=1$；   (2) $L(i)=0,\arg L'(i)=0$；

(3) $L(i)=0,L'(i)=1$.

12. 求将单位圆 $|z|<1$ 共形映射成单位圆 $|w|<1$ 的分式线性变换 $w=L(z)$，使得分别满足下列条件：

(1) $L\left(\dfrac{1}{2}\right)=0,L(-1)=1$；   (2) $L\left(\dfrac{1}{2}\right)=0,\arg L'\left(\dfrac{1}{2}\right)=\dfrac{\pi}{2}$.

13. 求将角形区域 $\dfrac{\pi}{4}<\arg z<\dfrac{\pi}{2}$ 映射成上半平面 $\operatorname{Im}z>0$，且使得 $1-i,i,0$ 分别被映射成 $2,-1,0$ 的共形映射.

14. 求将 $|z-4i|<2$ 共形映射成 $\operatorname{Im}z>\operatorname{Re}z$ 的分式线性变换 $w=L(z)$，使得 $L(2i)=0$，$L(4i)=-4$.

15. 求把单位圆的外部，且沿虚轴由点 i 到无穷远点 ∞ 有割痕的区域映射成上半平面的共形映射.

16. 求把具有割痕 $\operatorname{Im}z=0,\dfrac{1}{2}\leqslant\operatorname{Re}z<1$ 的单位圆 $|z|<1$ 映射成上半平面的共形映射.

第七章
解析延拓简介

> 解析延拓主要研究在一定条件下将解析函数的定义域扩大的问题,也就是研究如何把已知区域内的解析函数延拓为更大区域上的解析函数. 本章简单介绍有关解析延拓的一些基本概念和结论.

§1 解析延拓的概念和方法

一、基本概念

定义 7.1 设函数 $f(z)$ 在区域 D 内解析,G 是一个包含 D 的区域. 若存在 G 内的解析函数 $F(z)$,使得当 $z \in D$ 时,$F(z) = f(z)$,则称函数 $f(z)$ 可以解析延拓到 G 内,并称 $F(z)$ 为 $f(z)$ 在区域 G 内的**解析延拓**或**解析开拓**.

由定义可以看出解析延拓的唯一性. 事实上,设 $F_1(z)$,$F_2(z)$ 都是 $f(z)$ 在区域 $G\,(\supset D)$ 内的解析延拓,则在区域 D 内有 $F_1(z) = f(z)$ 且 $F_2(z) = f(z)$,由解析函数的唯一性定理,在 G 内有 $F_1(z) = F_2(z)$.

例 7.1 设函数 $f(z) = \sum\limits_{n=0}^{\infty} z^n$,显然 $f(z)$ 在区域 D:$|z| < 1$ 内解析. 函数 $F(z) = \dfrac{1}{1-z}$ 在 z 平面只有一个奇点,为 $z = 1$,因此 $F(z)$ 在区域 $G = \mathbf{C} - \{1\}$ 内解析. 在 D 内有 $F(z) = f(z)$,故 $F(z) = \dfrac{1}{1-z}$ 就是 $f(z) = \sum\limits_{n=0}^{\infty} z^n$ 在区域 G 内的解析延拓.

设函数 $f(z)$ 在区域 D 内解析. 为了叙述方便,我们将 $f(z)$ 和 D 合称为一个**解析元素**,记为 $(f(z), D)$.

定义 7.2 设 $(f_1(z), D_1)$,$(f_2(z), D_2)$ 是两个解析元素,$D_1 \bigcap D_2 = D_{12} \neq \varnothing$,且 $f_1(z) = f_2(z)\,(z \in D_{12})$,则称 $(f_1(z), D_1)$ 与 $(f_2(z), D_2)$ 互

为**直接解析延拓**.

在定义 7.2 的条件下,显然,

$$F(z)=\begin{cases} f_1(z), & z\in D_1, \\ f_1(z)=f_2(z), & z\in D_{12}, \\ f_2(z), & z\in D_2 \end{cases}$$

是 $G=D_1\bigcup D_2$ 内的解析函数. 它既是 $f_1(z)$ 在区域 G 内的解析延拓,也是 $f_2(z)$ 在 G 内的解析延拓.

定义 7.3　设有一列解析函数元素:$(f_1(z),D_1),(f_2(z),D_2),\cdots,(f_n(z),D_n)$. 如果相邻两个解析函数元素互为直接解析延拓,则它们组成一个解析延拓链. 称其中的 $(f_l(z),D_l)$ 和 $(f_m(z),D_m)$ $(l\neq m)$ 互为**间接解析延拓**.

二、幂级数延拓

给定解析元素 $(f(z),D)$,函数 $f(z)$ 可在 D 内任一点 z_1 的某邻域内展开成幂级数

$$\sum_{n=0}^{\infty}c_n^{(1)}(z-z_1)^n, \tag{7.1}$$

其中

$$c_n^{(1)}=\frac{1}{n!}f^{(n)}(z_1),\quad n=0,1,2,\cdots.$$

如果级数 (7.1) 的收敛半径为 $+\infty$,则其和函数 $f_1(z)$ 在 z 平面上解析,在 D 内与 $f(z)$ 相同. 根据解析延拓唯一性,$f_1(z)$ 就是 $f(z)$ 在 z 平面上的解析延拓.

如果级数 (7.1) 的收敛半径为有限半径 R_1,且其收敛圆 $D_1:|z-z_1|<R_1$ 有部分在 D 外(否则,另取一点 z_1),在 D_1 内取一点 $z_2(\neq z_1)$,并在 z_2 的邻域内将 $f(z)$ 展成幂级数

$$\sum_{n=0}^{\infty}c_n^{(2)}(z-z_2)^n, \tag{7.2}$$

其中

$$c_n^{(2)}=\frac{1}{n!}f^{(n)}(z_2),\quad n=0,1,2,\cdots,$$

则级数 (7.2) 的收敛半径 R_2 应满足

$$R_2\geq R_1-|z_1-z_2|.$$

若 $R_2=R_1-|z_1-z_2|$,级数 (7.2) 的收敛圆周和级数 (7.1) 的收敛圆周内切,切点就是 $f_1(z)$ 的一个奇点,此时 $f_1(z)$ 沿着半径从 z_1 到 z_2 的方向不能延拓.

若 $R_2>R_1-|z_1-z_2|$,则级数 (7.2) 的收敛圆 $D_2:|z-z_2|<R_2$ 有部分在圆 D_1 之外,级数 (7.2) 的和函数 $f_2(z)$ 在 D_2 内解析,则 $(f_2(z),D_2)$ 是 $(f_1(z),D_1)$ 的解析延拓.

再在 D_2 内取一点 $z_3(\neq z_2)$，重复上面的过程，用这样的方法就可得到 $(f_1(z),D_1)$ 的所有解析延拓，从而也得到 $(f(z),D)$ 的所有解析延拓.

以上过程总结之，就是从一个解析元素出发，沿所有可能的方向延拓，新的组成部分再向一切可能的方向延拓，直至不能延拓为止. 注意，由于幂级数收敛圆周上至少有一个奇点，所以和函数并不能向任意方向延拓，特别有时向任意方向都不能延拓. 如 $\sum\limits_{n=0}^{\infty} z^{2^n}$ 的和函数 $f(z)$ 在收敛圆周 $|z|=1$ 上处处为奇点，故向任意方向都不能延拓.

例 7.2 函数 $\dfrac{1}{1-z}$ 在 $|z|<1$ 内可展开成幂级数 $\sum\limits_{n=0}^{\infty} z^n$，在 $|z|<1$ 内取一点 $z_1 \neq 0$，由直接法可求出函数 $\dfrac{1}{1-z}$ 在 z_1 的某一邻域内的幂级数展式

$$\sum_{n=0}^{\infty} \frac{1}{(1-z_1)^{n+1}}(z-z_1)^n.$$

取 $z_1 = -\dfrac{1}{2}$，展开式为

$$\sum_{n=0}^{\infty} \left(\frac{2}{3}\right)^{n+1} \left(z+\frac{1}{2}\right)^n, \tag{7.3}$$

其收敛半径为 $\dfrac{3}{2}$，显然收敛圆有部分在 $|z|<1$ 之外，因此这个级数的和函数是 $\dfrac{1}{1-z}$ 的一个解析延拓. 这时也称级数 (7.3) 为级数 $\sum\limits_{n=0}^{\infty} z^n$ 的解析延拓.

取 $z_1 = \dfrac{1}{2}$，展开式为

$$\sum_{n=0}^{\infty} 2^{n+1} \left(z-\frac{1}{2}\right)^n,$$

其收敛半径为 $\dfrac{1}{2}$，此时 $z=1$ 为切点，是 $\dfrac{1}{1-z}$ 的奇点，而且是唯一奇点，因此除实轴正方向外可沿 $|z|<1$ 的半径所在任意方向延拓.

三、透弧延拓

前面介绍的解析延拓是关于相交区域的. 如果两个区域仅有一段公共边界时，我们可以建立透弧解析延拓.

定义 7.4 设 $(f_1(z),D_1)$，$(f_2(z),D_2)$ 是两个解析元素，且区域 D_1,D_2 以逐段光滑曲线 Γ（不包括端点）为公共边界. 若存在解析函数

$$F(z) = \begin{cases} f_1(z), & z \in D_1, \\ f_1(z) = f_2(z), & z \in \Gamma, \\ f_2(z), & z \in D_2, \end{cases}$$

则称 $f_1(z)$ 与 $f_2(z)$ 互为**直接透弧 Γ 的解析延拓**（简称**透弧延拓**）.

透弧解析延拓是解析延拓的特殊形式,显然也具有唯一性,对于存在性有如下定理:

定理 7.1　设 $(f_1(z), D_1)$, $(f_2(z), D_2)$ 是两个解析元素,且区域 D_1, D_2 以逐段光滑曲线 Γ（不包括端点）为公共边界. 若 $f_j(z)$ 在 $D_j \bigcup \Gamma$ 上连续 $(j=1,2)$,则函数

$$F(z) = \begin{cases} f_1(z), & z \in D_1, \\ f_1(z) = f_2(z), & z \in \Gamma, \\ f_2(z), & z \in D_2 \end{cases}$$

在 $D = D_1 \bigcup \Gamma \bigcup D_2$ 内解析.

§2　完全解析函数及单值性定理

一个解析函数可以延拓为另一个更大区域上的解析函数,通常这种解析区域的扩张不是无限下去的,那么什么时候不能继续延拓了呢? 延拓后的解析函数是单值的,还是多值的? 下面介绍这两个问题的相关内容.

一、完全解析函数

定义 7.5　设 $\{(f_j, D_j)\}$ 为解析元素集合,若其中任意两个解析元素可经由完全含于集合内的一条链而互为直接或间接解析延拓,则称 $\{(f_j, D_j)\}$ 定义了一个**一般解析函数**.

定义 7.6　若 $\{(f_j, D_j)\}$ 定义的一般解析函数包含了任意解析元素的一切解析延拓,则称该一般解析函数为**完全解析函数**.

完全解析函数不能再解析延拓了,是延拓到最大限度的一般解析函数,延拓最后的定义域叫做 $\{(f_j, D_j)\}$ 的**黎曼面**,其边界称为**自然边界**.

二、单值性定理

设 $f(z)$ 是区域 D 内的完全解析函数,a, b 是 D 内任意两点,l_1 和 l_2 是 D 内连接 a, b 的两条曲线. 若 $f(z)$ 的一个解析元素从点 a 出发沿 l_1 和 l_2 进行解析延拓,到达点 b 时函数值不同,则 $f(z)$ 为多值函数. 如果 $f(z)$ 在单连通区域 D 内解析,就不会出现多值情况.

定理 7.2（单值性定理）　若函数 $f(z)$ 在扩充 z 平面上的单连通区域 D 内解析,则 $f(z)$ 在 D 内单值.

定义 7.7　完全解析函数 $F(z)$ 的解析元素 (f_1,D_1) 沿以 z_0 为心的充分小圆周延拓,若起始点的函数值与回转后终点的函数值不等,则称 z_0 为多值函数 $F(z)$ 的**支点**.

若在某个区域内动点 z 沿任意周线运动一周时,$F(z)$ 的函数值没有改变,那么 $F(z)$ 在这个区域内就能确定一个单值解析分支.

可以证明,上面的定义 7.7 和结论与第二章用连续变化法研究多值函数的单值分支问题时的相应定义和结论是一致的.

参 考 文 献

［1］拉夫连季耶夫 М А,沙巴特 Б В.复变函数理论方法.施祥林,夏定中,吕乃刚,译.北京：
　　高等教育出版社,2006.

［2］余家荣.复变函数.北京：高等教育出版社,1992.

［3］钟玉泉.复变函数.北京：高等教育出版社,2004.

［4］路见可,钟寿国,刘士强.复变函数.武汉：武汉大学出版社,2001.

［5］刘声华,宫子吉,沈永祥.初等解析函数.长春：吉林大学出版社,1991.

［6］李锐夫.复变函数续论.北京：高等教育出版社,1988.

［7］庄圻泰,杨重骏,何育赞,等.单复变函数论中的几个问题.北京：科学出版社,1995.

［8］沃尔科维斯基 L.复变函数理论习题集.宋国栋,译.上海：上海科学技术出版社,1981.

名 词 索 引

A

阿贝尔定理   75

B

保角变换   119
保形映射   120
保域定理   116
本质奇点   90
闭集   10
闭域   11
边界   10
边界点   10
不定积分   57
部分和函数   72

C

残数   99
超越亚纯函数   96
超越整函数   95
纯虚数   1

D

单连通区域   14
单位复数   4
单叶函数   28
单叶性区域   28
单值分支   32
单值性定理   147
导数   23
点态收敛   72

调和函数   64
对数函数   34
对数留数   110
多连通区域   14

F

反双曲函数   45
反演变换   123
反余切函数   45
反余弦函数   44
反正切函数   45
反正弦函数   44
分式线性变换   124
辐角   3
辐角原理   112
辐角主值   3
复变函数   14
复变函数项级数   72
复积分   49
复平面   2
复球面   20
复数   1
复数项级数   69
复数域   2
复周线   54

G

改变量   36
根式函数   32

共轭调和函数	65	柯西积分定理	53
共轭复数	1	柯西积分公式	58
共形映射	120	柯西-黎曼方程	26
孤立点	10	柯西留数定理	102
孤立奇点	89	柯西收敛准则	70
光滑曲线	13	可单值分支区域	37
广义一致收敛	73	可去奇点	90
		扩充复平面	20
H			
和函数	72	**L**	
弧的长度	12	黎曼边界对应定理	140
弧可求长	12	黎曼存在定理	139
		连续	17
J		连续曲线	12
积分估值定理	51	邻域	10
极点	90	零点	81
极限	16	零点的阶	82
间接解析延拓	145	刘维尔定理	63
简单闭曲线	12	留数	99,101
简单曲线	12	洛朗级数	85
交比	126		
解析	24	**M**	
解析部分	89	幂函数	28
解析函数	24	幂级数	75
解析函数平均值定理	60	模	2
解析延拓	144	摩勒拉定理	63
解析元素	144	**N**	
聚点	10	内闭一致收敛	73
绝对收敛	71	内点	10
K		**P**	
开集	10	皮卡定理	92
开拓解析	144	平移变换	123
柯西不等式	62	**Q**	
柯西导数公式	61	奇点	24
柯西积分	58	奇异部分	90

区域 11

去心邻域 10

全纯函数 24

R

儒可夫斯基函数 138

儒歇定理 112

S

伸缩变换 122

伸缩率 119

施瓦茨引理 139

实部 1

实轴 2

收敛半径 75

收敛圆 75

收敛圆周 75

双曲余切函数 31

双曲余弦函数 31

双曲正割函数 31

双曲正切函数 31

双曲正弦函数 31

T

泰勒定理 77

泰勒级数 78

条件收敛 71

透弧延拓 147

W

外点 10

完全解析函数 147

微分 23

唯一性定理 83

魏尔斯特拉斯定理 74

无界集 11

无穷可微性 62

无穷远点 20

无穷远点的邻域 20

X

相似变换 122

虚部 1

虚数 1

虚数单位 1

虚轴 2

旋转变换 122

旋转角 119

Y

亚纯函数 95

一般解析函数 147

一般幂函数 35

一般指数函数 36

一致收敛 72

有界集 11

有向曲线 12

余割函数 31

余切函数 31

余弦函数 31

原函数 57

约当定理 13

约当曲线 12

Z

整函数 63

整线性变换 124

正常点 37

正割函数 31

正切函数 31

正弦函数 31

正则部分 89

正则函数 24

支点   37   周线   53
支割线   37   主辐角   3
直接解析延拓   145   主要部分   90
指数函数   29   主值支（主支）   32
重点   12   最大模原理   84

习题答案与提示

习 题 一

1. (1) $\text{Re}z=\dfrac{3}{2}$,$\text{Im}z=-\dfrac{5}{2}$,$|z|=\dfrac{\sqrt{34}}{2}$,$\arg z=-\arctan\dfrac{5}{3}$.

(2) $\text{Re}z=-\dfrac{1}{2}$,$\text{Im}z=\dfrac{\sqrt{3}}{2}$,$|z|=1$,$\arg z=\dfrac{2\pi}{3}$;

$\text{Re}z=-1$,$\text{Im}z=0$,$|z|=1$,$\arg z=\pi$.

(3) $\text{Re}z=\sqrt[4]{2}\cos\dfrac{\pi}{8}$,$\text{Im}z=\sqrt[4]{2}\sin\dfrac{\pi}{8}$,$|z|=\sqrt[4]{2}$,$\arg z=\dfrac{\pi}{8}$;

$\text{Re}z=-\sqrt[4]{2}\cos\dfrac{\pi}{8}$,$\text{Im}z=-\sqrt[4]{2}\sin\dfrac{\pi}{8}$,$|z|=\sqrt[4]{2}$,$\arg z=-\dfrac{7\pi}{8}$.

(4) $\text{Re}z=1$,$\text{Im}z=-3$,$|z|=\sqrt{10}$,$\arg z=-\arctan3$.

2. $x=1,y=11$. 　　　　　　　　**3.** $z_1z_2=2\mathrm{e}^{-\frac{\pi}{12}\mathrm{i}}$,$\dfrac{z_1}{z_2}=2\mathrm{e}^{\frac{5\pi}{12}\mathrm{i}}$.

4. $z_0=a\mathrm{e}^{\frac{\pi}{5}\mathrm{i}}$,$z_1=a\mathrm{e}^{\frac{3\pi}{5}\mathrm{i}}$,$z_2=a\mathrm{e}^{\pi\mathrm{i}}$,$z_3=a\mathrm{e}^{\frac{7\pi}{5}\mathrm{i}}$,$z_4=a\mathrm{e}^{\frac{9\pi}{5}\mathrm{i}}$.

5. 提示:$|z|^2=z\bar z$.几何意义:平行四边形对角线平方之和等于四边平方之和.

6. 提示:根据第5题,求出三边长. 　　　　**7.** 略.

8. $f(z)=\dfrac{1-2xy}{\sqrt{x^2+(y-1)^2}}+\dfrac{x^2-y^2}{\sqrt{x^2+(y-1)^2}}\mathrm{i}$. 　　**9.** $f(z)=z^2+2\mathrm{i}\bar z$.

10. 提示:由 $z=x+\mathrm{i}y$ 和 $x=\dfrac{z+\bar z}{2}$,$y=\dfrac{z-\bar z}{2\mathrm{i}}$ 证明题中方程等价于 $Ax+By+C=0$.

11. 提示:由 $z=x+\mathrm{i}y$ 和 $x=\dfrac{z+\bar z}{2}$,$y=\dfrac{z-\bar z}{2\mathrm{i}}$ 证明题中方程等价于

$$A(x^2+y^2)+Dx+Ey+F=0, \quad D^2+E^2-4AF>0.$$

12. 提示:适当取 z_1,z_2,z_3,只需证明 $\dfrac{z_3-z_1}{z_2-z_1}$ 是不为零的实数即可.

13. (1) 直线 $y=x$; 　　　　　　　(2) 椭圆 $\dfrac{x^2}{a^2}+\dfrac{y^2}{b^2}=1$;

(3) 双曲线 $y=\dfrac{1}{x}$; 　　　　　(4) 双曲线 $y=\dfrac{1}{x}$ 在第一象限的一支.

14. (1) $u^2+v^2=\dfrac{1}{6}$; 　　(2) $u=-v$; 　　(3) $u^2+\left(v+\dfrac{1}{2}\right)^2=\dfrac{1}{4}$; 　　(4) $u=\dfrac{1}{2}$.

15. 提示：根据连续函数的运算法则可证.

16. 提示：$z=0$ 时 $\arg z$ 无意义，故在原点不连续；在负实轴上任一点处 $\arg z$ 的极限值不存在，故在负实轴上不连续；在其他点处由连续的"$\varepsilon-\delta$"定义可证.

17. 提示：由定理 1.3 可证.

18. 提示：由定理 1.3 可证.

19. 提示：z 沿不同路径 $y=kx^{1/3}$ 趋近于 0 时极限值不同，故极限不存在，从而不连续.

20. 连续但非一致连续.

习 题 二

1. 提示：切线为割线的极限位置. 只需证明 $t\to t_0$ 时割线的倾角有极限即可.

2. 提示：$\dfrac{f(z)}{g(z)}=\dfrac{\dfrac{f(z)-f(z_0)}{z-z_0}}{\dfrac{g(z)-g(z_0)}{z-z_0}}.$

3. 提示：根据定义求 u,v 在原点处的偏导数；当 z 沿不同直线 $y=kx$ 趋近于 0 时，$\dfrac{f(z)-f(0)}{z-0}$ 的极限值与 k 有关，即极限不存在，从而不可微.

4. 提示：只需证明可微点的集合不是区域.

5. 提示：先求出可微的点集，如此点集是区域则函数在该区域上解析，否则处处不解析.

6. 提示：根据已知条件求得 u,v 的偏导数都为零即可证明 u,v 为常数.

7. 提示：记 $f(z)=u(x,y)+v(x,y)$，将其与 $\begin{cases} x=r\cos\theta, \\ y=r\sin\theta \end{cases}$ 复合得 $f(z)=u(r,\theta)+v(r,\theta)$，再利用反函数和复合函数可微性证明.

8. (1) e^{-2x};   (2) $e^{x^2-y^2}$;   (3) $e^{\frac{x}{x^2+y^2}}\cos\dfrac{y}{x^2+y^2}$.

9. 提示：根据初等函数的定义和共轭运算的性质证明即可.

10. 提示：根据指数函数的定义及乘方运算的性质证明即可.

11. (1) $e^3(\cos 1+i\sin 1)$;   (2) $\cos 1\cosh 1+i\sin 1\sinh 1$.

12. 提示：根据第 2 题.

13. 提示：$\ln(z-1)=\ln|z-1|+i\arg(z-1)$.

14. (1) $e^{i\ln\sqrt{2}}e^{-\left(\frac{\pi}{4}+2k\pi\right)},k=0,\pm 1,\cdots$;   (2) $e^{i\ln 3}e^{-2k\pi},k=0,\pm 1,\cdots$.

15. $e^{-\frac{\pi}{6}i}$.   16. $e^{\frac{5\pi}{6}i}$.   17. $-\sqrt[6]{2}e^{\frac{7\pi}{12}i}$.

18. $f(i)=\sqrt{2}e^{-\frac{\pi}{8}i},f(-i)=\sqrt{2}e^{\frac{5\pi}{8}i}$.

19. $\sqrt{2}i$.   20. $-\sqrt{5}i$.

习　题　三

1. $-\dfrac{1}{3}(1-\mathrm{i})$.　　　　**2.** 提示：参考例 3.3.　　　**3.** 提示：由柯西积分公式即可证明.

4. (1) $4\pi\mathrm{i}$;　　　　　　(2) $8\pi\mathrm{i}$.

5. 由柯西积分定理,积分值均为零.

6. (1) $\dfrac{\sqrt{2}}{2}\pi\mathrm{i}$, $\dfrac{\sqrt{2}}{2}\pi\mathrm{i}$, $\sqrt{2}\pi\mathrm{i}$;　　(2) $\mathrm{e}^2\pi\mathrm{i}$;

(3) $\mathrm{e}^{-1}\pi$;　　　　　　　(4) 0.

7. 提示：f,g 在 D 内解析,则 $fg,(fg)'$ 在 D 内也解析,且 $(fg)'=f'g+fg'$,即 fg 是 $f'g+fg'$ 的原函数, 从而 $\displaystyle\int_\alpha^\beta (f'g+fg')\mathrm{d}z=[fg]_\alpha^\beta$,移项即得.

8. (1) $-\dfrac{1}{3}\mathrm{i}$;　　　　(2) 0;　　　　　(3) $\pi\mathrm{i}-\dfrac{1}{2}\sin 2\pi\mathrm{i}$;　　　(4) $\sin 1-\cos 1$.

9. 提示：设 $F(z)=\dfrac{1}{f(z)}$,可证 $F(z)$ 在 z 平面上解析且有界,再由刘维尔定理知 $F(z)$ 必为常数,从而 $f(z)$ 为常数.

10. 提示：设 $F(z)=\mathrm{e}^{f(z)}$,方法同第 9 题.

11. (1) $f(z)=-\mathrm{i}(z-1)^2$;　(2) $f(z)=\dfrac{1}{2}-\dfrac{1}{z}$;　　(3) $f(z)=\left(1-\dfrac{\mathrm{i}}{2}\right)z^2+\dfrac{\mathrm{i}}{2}$.

习　题　四

1. (1) 条件收敛;　　　(2) 绝对收敛;　　　(3) 发散;　　　(4) 绝对收敛.

2. (1) $R=+\infty$;　　　(2) $R=1$,在收敛圆周 $|z-2|=1$ 上绝对收敛;　　(3) $R=\dfrac{1}{\mathrm{e}}$.

3. 提示：设幂级数 $\displaystyle\sum_{n=0}^{\infty}C_n z^n$ 的收敛半径为 R,由定理 4.7 易推得幂级数 $\displaystyle\sum_{n=0}^{\infty}nC_n z^{n-1}$ 与 $\displaystyle\sum_{n=0}^{\infty}\dfrac{C_n}{n+1}z^{n+1}$ 的收敛半径均为 R.

4. 提示：由绝对收敛的定义和优级数准则可证明.

5. (1) $\dfrac{1}{3z-2}=-\displaystyle\sum_{n=0}^{\infty}\dfrac{3^n}{2^{n+1}}z^n$, $|z|<\dfrac{2}{3}$;

(2) $\dfrac{1}{(1+z)^2}=1-2z+3z^2+\cdots+(-1)^n nz^{n-1}+\cdots$, $|z|<1$;

(3) $\displaystyle\int_0^z \mathrm{e}^{z^2}\mathrm{d}z=\sum_{n=0}^{\infty}\dfrac{z^{2n+1}}{(2n+1)n!}$, $|z|<+\infty$;

(4) $\displaystyle\int_0^z \dfrac{\sin z}{z}\mathrm{d}z=\sum_{n=0}^{\infty}(-1)^n\dfrac{z^{2n+1}}{(2n+1)(2n+1)!}$, $|z|<+\infty$;

(5) $\sin^2 z = -\dfrac{1}{2}\sum\limits_{n=1}^{\infty}(-1)^n\dfrac{(2z)^{2n}}{(2n)!}$, $|z|<+\infty$;

(6) $e^z \cos z = \sum\limits_{n=0}^{\infty}\dfrac{(\sqrt{2})^n}{n!}\left(\cos\dfrac{n\pi}{4}\right)z^n$, $|z|<+\infty$.

6. (1) $\dfrac{1}{z-2} = -\sum\limits_{n=0}^{\infty}\dfrac{(z+1)^n}{3^{n+1}}$, $|z+1|<3$;

(2) $\dfrac{1}{(1-z)^2} = \dfrac{1}{(1-i)^2}\left[1+2\left(\dfrac{z-i}{1-i}\right)+\cdots+n\left(\dfrac{z-i}{1-i}\right)^{n-1}+\cdots\right]$, $|z-i|<\sqrt{2}$;

(3) $\dfrac{z}{z^2-2z+5} = \dfrac{1}{4}\left[\sum\limits_{n=0}^{\infty}\left(-\dfrac{1}{4}\right)^n(z-1)^{2n}+\sum\limits_{n=0}^{\infty}\left(-\dfrac{1}{4}\right)^n(z-1)^{2n+1}\right]$, $|z-1|<2$;

(4) $\sin z = \cos 1\sum\limits_{n=0}^{\infty}\dfrac{(-1)^n(z-1)^{2n+1}}{(2n+1)!}+\sin 1\sum\limits_{n=0}^{\infty}\dfrac{(-1)^n(z-1)^{2n}}{(2n)!}$, $|z-1|<+\infty$.

7. (1) 3 阶;　　　(2) 6 阶;　　　(3) 15 阶.

8. z_0 是函数 $F(z)$ 的 $m+1$ 阶零点.

9. 提示：由解析函数的无穷可微性即可证明.

10. (1) 不存在;　　(2) 不存在;　　(3) 不存在;　　(4) 存在,$\dfrac{1}{1+z}$.

11. 提示：因 $f(z)$ 在点 $z_0\in D$ 解析,故由泰勒定理有

$$f(z) = \sum_{n=0}^{\infty}\dfrac{f^{(n)}(z_0)}{n!}(z-z_0)^n \quad (z\in K:|z-z_0|<R, K\subset D).$$

由题设条件得 $f(z)=f(z_0)$ $(z\in K\subset D)$,再由唯一性定理即可证明.

12. 提示：用反证法,并应用唯一性定理推得矛盾.

13. 提示：用反证法,并应用最大模原理于函数 $\dfrac{1}{f(z)}$ 推得矛盾.

14. (1) $\dfrac{1}{z} = \sum\limits_{n=0}^{\infty}\dfrac{(-1)^n}{(z-1)^{n+1}}$, $1<|z-1|<+\infty$.

(2) $\dfrac{1}{1+z^2} = \sum\limits_{n=0}^{\infty}\dfrac{i^{n-1}}{2^{n+1}}(z-i)^{n-1}$, $0<|z-i|<2$;

$\dfrac{1}{1+z^2} = \sum\limits_{n=0}^{\infty}\dfrac{(-2i)^n}{(z-i)^{n+2}}$, $2<|z-i|<+\infty$.

(3) $\dfrac{z^2-2z+5}{(z-2)(z^2+1)} = -\sum\limits_{n=0}^{\infty}\dfrac{z^n}{2^{n+1}}-\dfrac{2}{z^2}\sum\limits_{n=0}^{\infty}\left(\dfrac{-1}{z^2}\right)^n$, $1<|z|<2$;

$\dfrac{z^2-2z+5}{(z-2)(z^2+1)} = \sum\limits_{n=1}^{\infty}\dfrac{2^{n-1}}{z^n}+2\sum\limits_{n=1}^{\infty}\dfrac{(-1)^n}{z^{2n}}$, $2<|z|<+\infty$.

15. (1) $z=0$ 为一阶极点,$z=\pm 2i$ 为二阶极点,无穷远点为可去奇点;

(2) $z=k\pi-\dfrac{\pi}{4}$ $(k=0,\pm 1,\pm 2,\cdots)$ 各为一阶极点,无穷远点为非孤立奇点;

(3) $z=(2k+1)\pi i$ $(k=0,\pm 1,\pm 2,\cdots)$ 各为一阶极点,无穷远点为非孤立奇点;

(4) $z=\pm\dfrac{\sqrt{2}}{2}(1-i)$ 为三阶极点,无穷远点为可去奇点;

(5) $z=-\mathrm{i}$ 为本质奇点,无穷远点为可去奇点;

(6) $z=0$ 为可去奇点,无穷远点为本质奇点;

(7) $z=2k\pi\mathrm{i}\ (k=0,\pm1,\pm2,\cdots)$ 各为一阶极点,无穷远点为非孤立奇点;

(8) $z=\left(k+\dfrac{1}{2}\right)\pi\ (k=0,\pm1,\pm2,\cdots)$ 各为二阶极点,无穷远点为非孤立奇点.

16. (1) $\dfrac{1}{(1+z^2)^2}=\sum\limits_{n=0}^{\infty}(-1)^n(n+1)\dfrac{(z-\mathrm{i})^{n-2}}{(2\mathrm{i})^{n+2}},\ 0<|z-\mathrm{i}|<2.$

(2) $z^2\mathrm{e}^{\frac{1}{z}}=\sum\limits_{n=-2}^{\infty}\dfrac{1}{(n+2)!}\cdot\dfrac{1}{z^n},\ 0<|z|<+\infty\ (0<|z|<+\infty$ 既是 $z=0$ 的去心邻域,又是以 $z=0$ 为中心 $z=\infty$ 的去心邻域).

(3) $\mathrm{e}^{\frac{1}{1-z}}=\sum\limits_{n=0}^{\infty}\dfrac{(-1)^n}{n!}\dfrac{1}{(z-1)^n},\ 0<|z-1|<+\infty\ (0<|z-1|<+\infty$ 既是 $z=1$ 的去心邻域,又是以 $z=1$ 为中心 $z=\infty$ 的去心邻域).

17. (1) 否; (2) 否; (3) 否; (4) 能.

18. (1) $f(z)+g(z)$:$m\neq n$ 时,$z=a$ 是它的 $\min\{m,n\}$ 阶零点;$m=n$ 时,$z=a$ 是它的不低于 n 阶的零点.

$f(z)g(z)$:$z=a$ 是它的 $m+n$ 阶零点.

$\dfrac{g(z)}{f(z)}$:$m\neq n$ 时,$z=a$ 是它的 $|m-n|$ 阶零点或极点;$m=n$ 时,$z=a$ 是它的可去奇点.

(2) $f(z)+g(z)$:$m\neq n$ 时,$z=a$ 是它的 $\max\{m,n\}$ 阶极点;$m=n$ 时,$z=a$ 是它的不高于 m 阶的极点或可去奇点.

$f(z)g(z)$:$z=a$ 是它的 $m+n$ 阶极点.

$\dfrac{g(z)}{f(z)}$:$m>n$ 时,$z=a$ 是它的 $m-n$ 阶零点;$m<n$ 时,$z=a$ 是它的 $n-m$ 阶极点;$m=n$ 时,$z=a$ 是它的可去奇点.

(3) $f(z)+g(z)$,$f(z)g(z)$ 及 $\dfrac{g(z)}{f(z)}$ 都以 $z=a$ 为本质奇点.

习 题 五

1. (1) $\operatorname*{Res}\limits_{z=1}f(z)=\dfrac{\mathrm{e}}{2}$,$\operatorname*{Res}\limits_{z=-1}f(z)=\dfrac{1}{-2\mathrm{e}}$,$\operatorname*{Res}\limits_{z=\infty}f(z)=\dfrac{\mathrm{e}^{-1}-\mathrm{e}}{2}$;

(2) $\operatorname*{Res}\limits_{z=0}f(z)=\operatorname*{Res}\limits_{z=\infty}f(z)=0$; (3) $\operatorname*{Res}\limits_{z=k\pi}f(z)=\begin{cases}-1,& k\text{ 为奇数},\\ 1,& k\text{ 为偶数};\end{cases}$

(4) $\operatorname*{Res}\limits_{z=0}f(z)=\dfrac{\pi-4\mathrm{i}}{\pi^5}$,$\operatorname*{Res}\limits_{z=\pi\mathrm{i}}f(z)=\dfrac{1}{6\pi^5}(\pi^3+6\pi^2\mathrm{i}-18\pi-24\mathrm{i})$.

2. (1) $6\pi\mathrm{i}$; (2) 0; (3) $-12\pi\mathrm{i}$; (4) 0; (5) $\sin t$; (6) 0.

3. (1) $\dfrac{2\pi}{\sqrt{a^2-b^2}}$; (2) $\dfrac{\pi}{a\sqrt{a^2+1}}$; (3) 4π; (4) $\begin{cases}\pi\mathrm{i},& a>0,\\ -\pi\mathrm{i},& a<0.\end{cases}$

4. (1) $\dfrac{\pi}{6}$; (2) $\dfrac{5}{12}\pi$; (3) $\dfrac{\pi}{2a}$;

(4) $\dfrac{\pi(3\mathrm{e}^2-1)}{24\mathrm{e}^3}$; (5) $\dfrac{1}{2}\pi\mathrm{e}^{-ab}$; (6) $\dfrac{\pi}{2a^2}\mathrm{e}^{-\frac{\sqrt{2}}{2}ma}\sin\dfrac{\sqrt{2}}{2}ma$.

5. 提示:由儒歇定理可证.

6. 提示:由儒歇定理和微积分中零点定理可证.

7. 用反证法. 若存在 D 内的点 z_0,使得 $f'(z_0)\neq0$,则 z_0 必为 $f(z)=f(z_0)$ 的一个 n 级零点($n\geqslant2$). 由零点的孤立性,故存在 $\delta>0$,使得在圆周 C: $|z-z_0|=\delta$ 上 $f(z)-f(z_0)\neq0$,在 C 的内部,$f(z)-f(z_0)$ 及 $f'(z)$ 无异于 z_0 的零点.

设 m 表示 $|f(z)-f(z_0)|$ 在 C 上的下确界,则由儒歇定理即知,当 $0<|-a|<m$ 时,$f(z)-f(z_0)-a$ 在圆周 C 的内部也有 n 个零点. 但这些零点没有一个是多重点,因为 $f'(z)$ 在 C 内部除 z_0 外没有其他零点,而 z_0 显然不是 $f(z)-f(z_0)-a$ 的零点.

令 $z_1,z_2,\cdots,z_n$ 表示 $f(z)-f(z_0)-a$ 在 C 内部的 n 个相异零点,于是
$$f(z_k)=f(z_0)+a \quad (k=1,2,\cdots,n).$$
这与 $f(z)$ 的单叶性假设矛盾. 故在区域 D 内 $f'(z)\neq0$.

习 题 六

1. $\arg f'(z_0)$ 为 $w=f(z)$ 在 z_0 处的旋转角;$|f'(z_0)|$ 为 $w=f(z)$ 在 z_0 处的伸缩率.

2. (1) 旋转角为 $\theta=-\arctan\dfrac{3}{5}$;伸缩率为 $2\sqrt{34}$,当 $\left(x-\dfrac{1}{3}\right)^2+y^2<\dfrac{1}{36}$ 时缩小,当 $\left(x-\dfrac{1}{3}\right)^2+y^2>\dfrac{1}{36}$ 时放大.

(2) 旋转角为 $\dfrac{\pi}{4}$;伸缩率为 $\dfrac{\sqrt{2}}{2}$,当 $(x-1)^2+y^2>1$ 时缩小,当 $(x-1)^2+y^2<1$ 时放大.

(3) 旋转角为 0;伸缩率为 4.

3. $w_1=z+\mathrm{i}$, $w_2=\dfrac{1}{w_1}$, $w_3=5w_2$, $w_4=\mathrm{e}^{\mathrm{i}\theta}w_3\left(\theta=\arctan\dfrac{-3}{4}\right)$, $w=w_4-3\mathrm{i}$.

4. (1) $\dfrac{1}{4}+\mathrm{i}$; (2) $2-\dfrac{\mathrm{i}}{2}$; (3) $2-\dfrac{\mathrm{i}}{2}$; (4) $\dfrac{\mathrm{i}}{2}$.

5. (1) $w=\dfrac{(1+\mathrm{i})(z-\mathrm{i})}{1+z+3\mathrm{i}(1-z)}$; (2) $w=-\dfrac{1}{z}$;

(3) $w=\mathrm{i}\dfrac{z+1}{1-z}$; (4) $w=\dfrac{1-\mathrm{i}}{2z+1-\mathrm{i}}$.

6. 下半平面.

7. (1) $z=\dfrac{1\pm\sqrt{5}}{2}$; (2) $z=1$; (3) $z=-1$; (4) $z=0$.

8. $|a|=|c|$,且 $ad-bc\neq0$.

9. (1) 映射成以 $w_1=-1,w_2=-\mathrm{i},w_3=\mathrm{i}$ 为顶点的三角形;

习题答案与提示

(2) 映射成闭圆 $|w-\mathrm{i}|\leqslant 1$.

10. (1) $\mathrm{Im}\,w>1$; (2) $\mathrm{Im}\,w>\mathrm{Re}\,w$;

   (3) $|w+\mathrm{i}|>1$,且 $\mathrm{Im}\,w<0$; (4) $\left|w-\dfrac{1}{2}\right|<\dfrac{1}{2}$,且 $\mathrm{Im}\,w<0$.

11. (1) $w=-\mathrm{i}\,\dfrac{z-\mathrm{i}}{z+\mathrm{i}}$; (2) $w=\mathrm{i}\,\dfrac{z-\mathrm{i}}{z+\mathrm{i}}$.

12. (1) $w=\dfrac{2z-1}{z-2}$; (2) $w=\mathrm{i}\,\dfrac{2z-1}{2-z}$.

13. 映射成圆心在原点,半径为 R^2,且沿由 0 到 R^2 的半径有割痕的圆域.

14. $w=\dfrac{1}{2\cos\theta}$. 15. $w=\ln\dfrac{\mathrm{e}^z+1}{\mathrm{e}^z-1}$. 16. $w=\dfrac{2(\sqrt[3]{4}+1)\mathrm{e}^{\frac{\pi}{4}\mathrm{i}}z^{\frac{4}{3}}}{(\sqrt[3]{4}-1)\mathrm{e}^{\frac{\pi}{4}\mathrm{i}}z^{\frac{4}{3}}+3\sqrt[3]{4}}$.

17. $w=\dfrac{1}{2}\left(z+\dfrac{1}{z}\right)$. 18. $w=\dfrac{\sqrt{4z^4+17z^2+4}}{2(z^2+1)}$. 19. $w=2\mathrm{i}\,\dfrac{z-\mathrm{i}}{z+\mathrm{i}}$.

20. $w=-4\mathrm{i}\,\dfrac{z-2\mathrm{i}}{z-2(1+2\mathrm{i})}$. 21. $w=\sqrt{1-\left(\dfrac{z-\mathrm{i}}{z+\mathrm{i}}\right)^2}$. 22. $w=\dfrac{\left(1+\sqrt{\dfrac{2z-1}{2-z}}\right)^2}{\left(1-\sqrt{\dfrac{2z-1}{2-z}}\right)^2}$.